国家示范（骨干）高职院校重点建设专业优质核心课程系列教材

单片机应用系统设计安装与调试

主　编　田浩鹏

中国水利水电出版社
www.waterpub.com.cn

内 容 提 要

本书以目前流行的仿真软件 Proteus 为核心，以产品研发到产品运行的生命周期为载体，采用 CDIO 工程教育模式，让学生以主动的、实践的、课程之间有机联系的方式学习工程。

本书分为基础知识篇和任务篇两部分。基础知识篇主要包括 ATmega16 单片机的硬件基础、软件基础、C 语言基础三部分内容；任务篇围绕 ATmega16 单片机的主要功能模块分为 I/O 端口应用、中断系统应用、定时器应用、A/D 转换应用、串行通信应用五个任务。每个任务分为若干个基于实际电子产品的教学任务，每个具体任务按照构思（Conceive）、设计（Design）、实现（Implement）和运行（Operate）四个步骤来完成。

本书按照高职高专人才培养目标编写，可以作为高职院校自动化、应用电子技术、电子信息、计算机信息等专业教材，也可作为相关专业学生的自学参考书和培训教材。

本书提供电子教案，读者可以从中国水利水电出版社网站和万水书苑上免费下载，网址为：http://www.waterpub.com.cn/softdown/和 http://www.wsbookshow.com。

图书在版编目（ＣＩＰ）数据

单片机应用系统设计安装与调试 / 田浩鹏主编. --
北京：中国水利水电出版社，2014.3（2021.8 重印）
国家示范（骨干）高职院校重点建设专业优质核心课
程系列教材
ISBN 978-7-5170-1774-5

Ⅰ．①单… Ⅱ．①田… Ⅲ．①单片微型计算机－计算
机控制系统－高等职业教育－教材 Ⅳ．①TP368.1

中国版本图书馆CIP数据核字(2014)第038516号

策划编辑：石永峰　　责任编辑：张玉玲　　加工编辑：鲁林林　　封面设计：李　佳

书　　名	国家示范（骨干）高职院校重点建设专业优质核心课程系列教材 单片机应用系统设计安装与调试
作　　者	主　编　田浩鹏
出版发行	中国水利水电出版社 （北京市海淀区玉渊潭南路 1 号 D 座　100038） 网址：www.waterpub.com.cn E-mail：mchannel@263.net（万水） 　　　　sales@waterpub.com.cn 电话：(010) 68367658（营销中心）、82562819（万水）
经　　售	全国各地新华书店和相关出版物销售网点
排　　版	北京万水电子信息有限公司
印　　刷	三河市铭浩彩色印装有限公司
规　　格	184mm×260mm　16 开本　12.25 印张　314 千字
版　　次	2014 年 3 月第 1 版　2021 年 8 月第 3 次印刷
印　　数	4001—5000 册
定　　价	26.00 元

前　　言

单片机又称单片微控制器，它是把一个计算机系统集成到一个芯片上，概括地讲，一块芯片就成了一台计算机。单片机技术是计算机技术的一个分支，是简易机器人的核心元件。1997年，由 ATMEL 公司挪威设计中心的 A 先生与 V 先生利用 ATMEL 公司的 Flash 新技术，共同研发出 RISC 精简指令集的高速 8 位单片机，简称 AVR。相对于出现较早也较为成熟的 51 系列单片机，AVR 系列单片机片内资源更为丰富，接口也更为强大，且具有价格低等优势，因此在很多场合可以替代 51 系列单片机。

近年来，各高职院校按照教育部教学改革的要求，不断开展各种形式的课程改革和专业建设，加快了高职教育以培养高端技术技能型专门人才为目标的步伐，企业对职业教育的认知程度和认可度逐年提高。本书结合 CDIO 工程教育模式，以产品研发到产品运行的生命周期为载体，让学生以主动的、实践的、课程之间有机联系的方式学习工程，重点培养学生的四个能力层面：工程基础知识能力、个人能力、人际团队能力和工程系统能力。

本书注重动手能力的培养，以项目为载体，以任务为驱动，全面系统地介绍 ATmega16 单片机的硬件基础、软件基础和必备的 C 语言基础知识。五个项目下的任务按照构思、设计、实施和运行四个方面加以介绍，所有设计内容在实际操作之前采用 Proteus 仿真软件进行仿真练习，可以对所设计的硬件系统的功能、合理性和性能指标进行充分调整，并在没有硬件电路的情况下进行相应的程序设计与调试，提高设计效率，降低学习成本。

由于编者知识水平和经验的局限性，书中难免存在不足之处，敬请广大读者批评指正。

编　者
2013 年 12 月

目　　录

第一部分

基础知识篇

基础知识 1

ATmega16 单片机硬件基础

单片机又称单片微控制器，它是把一个计算机系统集成到一个芯片上，概括地讲，一块芯片就成了一台计算机。单片机技术是计算机技术的一个分支，是简易机器人的核心元件。1997 年，由 ATMEL 公司挪威设计中心的 A 先生与 V 先生利用 ATMEL 公司的 Flash 新技术，共同研发出 RISC 精简指令集的高速 8 位单片机，简称 AVR。相对于出现较早也较为成熟的 51 系列单片机，AVR 系列单片机片内资源更为丰富，接口也更为强大，且具有价格低等优势，因此在很多场合可以替代 51 系列单片机。

1.1　单片机特点介绍

AVR 单片机目前主要有两大系列产品：ATtiny 系列和 ATmega 系列。ATtiny 系列属于低档产品，功能较弱，引脚较少，价格低。ATmega 系列属于高档产品，功能强，价格比 ATtiny 系列高。设计人员可以根据具体情况选择不同系列的单片机。ATmega16 单片机是一种具有高性能、低功耗的 8 位 AVR 微处理器。

1. 先进的 RISC 结构
- 131 条指令中大多数指令执行时间为单个时钟周期。
- 32 个 8 位通用工作寄存器。
- 全静态工作。
- 工作于 16MHz 时性能高达 16MIPS。
- 只需两个时钟周期的硬件乘法器。
2. 非易失性程序和数据存储器
- 16KB 的系统内可编程 Flash，擦写寿命为 10000 次。
- 具有独立锁定位的可选 Boot 代码区，通过片上的 Boot 程序实现系统内编程，真正的同时读写操作。
- 512B 的 EEPROM，擦写寿命为 100000 次。
- 1KB 的片内 SRAM。
- 可以对锁定位进行编程以实现用户程序的加密。

3. JTAG 接口（与 IEEE1149.1 标准兼容）

● 符合 JTAG 标准的边界扫描功能。

● 支持扩展的片内调试功能。

● 通过 JTAG 接口实现对 Flash、EEPROM、熔丝位和锁定位的编程。

4. 外设特点

● 两个具有独立预分频器和比较器功能的 8 位定时器/计数器。

● 一个具有预分频器、比较功能和捕捉功能的 16 位定时器/计数器。

● 具有独立振荡器的实时计数器 RTC。

● 四通道 PWM。

● 8 路 10 位 ADC，8 个单端通道，TQFP 封装的 7 个差分通道，2 个具有可编程增益（1x，10x，或 200x）的差分通道。

● 面向字节的两线接口。

● 两个可编程的串行 USART。

● 可工作于主机/从机模式的 SPI 串行接口。

● 具有独立片内振荡器的可编程看门狗定时器。

● 片内模拟比较器。

5. 特殊的处理器特点

● 上电复位以及可编程的掉电检测。

● 片内经过标定的 RC 振荡器。

● 片内/片外中断源。

● 6 种睡眠模式：空闲模式、ADC 噪声抑制模式、省电模式、掉电模式、Standby 模式、扩展的 Standby 模式。

6. I/O 和封装

● 32 个可编程的 I/O 口。

● 40 引脚 PDIP 封装，44 引脚 TQFP 封装，44 引脚 MLF 封装。

7. 工作电压

● ATmega16L：2.7～5.5V。

● ATmega16：4.5～5.5V。

8. 速度等级

● ATmega16L：0～8MHz。

● ATmega16：0～16MHz。

9. ATmega16L 的功耗（1MHz，3V，25℃）

● 正常模式：1.1mA。

● 空闲模式：0.35mA。

● 掉电模式：<1μA。

1.2 单片机引脚配置

ATmega16 有 44 个引脚的 TQFP 封装和 40 引脚的 PDIP 封装两种，如图 1-1-1 所示。

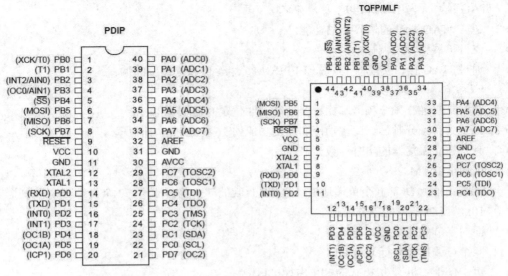

图 1-1-1 ATmega16（L）的引脚配置

ATmega16 是基于增强的 AVRRISC 结构的低功耗 8 位 CMOS 微控制器。由于其先进的指令集以及单时钟周期指令执行时间，ATmega16 的数据吞吐率高达 1MIPS/MHz，从而可以缓解系统在功耗和处理速度之间的矛盾。

AVR 内核具有丰富的指令集和 32 个通用工作寄存器。所有的寄存器都直接与算逻单元（ALU）相连接，使得一条指令可以在一个时钟周期内同时访问两个独立的寄存器。这种结构大大提高了代码效率，并且具有比普通的 CISC 微控制器最高至 10 倍的数据吞吐率。

ATmega16 有如下特点：16KB 的系统内可编程 Flash（具有同时读写的能力，即 RWW），512B 的 EEPROM，1KB 的 SRAM，32 个通用 I/O 口线，32 个通用工作寄存器，用于边界扫描的 JTAG 接口，支持片内调试与编程，三个具有比较模式的灵活的定时器/计数器（T/C），片内/外中断，可编程串行 USART，有起始条件检测器的通用串行接口，8 路 10 位具有可选差分输入级可编程增益（TQFP 封装）的 ADC，具有片内振荡器的可编程看门狗定时器，一个 SPI 串行端口，以及 6 个可以通过软件进行选择的省电模式。工作于空闲模式时 CPU 停止工作，而 USART、两线接口、A/D 转换器、SRAM、T/C、SPI 端口以及中断系统继续工作；掉电模式时晶体振荡器停止振荡，所有功能除了中断和硬件复位之外都停止工作；在省电模式下，异步定时器继续运行，允许用户保持一个时间基准，而其余功能模块处于休眠状态；ADC 噪声抑制模式时终止 CPU 和除了异步定时器与 ADC 以外所有 I/O 模块的工作，以降低 ADC 转换时的开关噪声；Standby 模式下只有晶体或谐振振荡器运行，其余功能模块处于休眠状态，使得器件只消耗极少的电流，同时具有快速启动能力；扩展 Standby 模式下则允许振荡器和异步定时器继续工作。

ATmega16 芯片是以 Atmel 高密度非易失性存储器技术生产的。片内 ISPFlash 允许程序存储器通过 ISP 串行接口，或者通用编程器进行编程，也可以通过运行于 AVR 内核之中的引导程序进行编程。引导程序可以使用任意接口将应用程序下载到应用 Flash 存储区（Application Flash Memory）。在更新应用 Flash 存储区时引导 Flash 区（Boot Flash Memory）的程序继续运行，实现了 RWW 操作。 通过将 8 位 RISCCPU 与系统内可编程的 Flash 集成在一个芯片内，ATmega16 成为一种功能强大的单片机，为许多嵌入式控制应用提供了灵活且低成本的解决方案。

1. 引脚介绍

● VCC：数字电路的电源，4.0～5.5V。

● GND：地线。

● A（PA7～PA0）：端口 A 为 8 位双向 I/O 口，具有可编程的内部上拉电阻。其输出缓冲器具有对称的驱动特性，可以输出和吸收大电流。作为输入使用时，若内部上拉电阻使能，端口被外部电路拉低时将输出电流。在复位过程中，即使系统时钟还未起振，端口 A 处于高阻状态。A 口有第二功能，第二功能的使用方法后续再介绍。

● B（PB7～PB0）：端口 B 为 8 位双向 I/O 口，具有可编程的内部上拉电阻。其输出缓冲器具有对称的驱动特性，可以输出和吸收大电流。作为输入使用时，若内部上拉电阻使能，端口被外部电路拉低时将输出电流。在复位过程中，即使系统时钟还未起振，端口 B 处于高阻状态。B 口有第二功能，第二功能的使用方法后续再介绍。

● C（PC7～PC0）：端口 C 为 8 位双向 I/O 口，具有可编程的内部上拉电阻。其输出缓冲器具有对称的驱动特性，可以输出和吸收大电流。作为输入使用时，若内部上拉电阻使能，端口被外部电路拉低时将输出电流。在复位过程中，即使系统时钟还未起振，端口 C 处于高阻状态。如果 JTAG 接口使能，即使复位出现引脚 PC5（TDI）、PC3（TMS）与 PC2（TCK）的上拉电阻被激活。C 口有第二功能，第二功能的使用方法后续再介绍。

● D（PD7～PD0）：端口 D 为 8 位双向 I/O 口，具有可编程的内部上拉电阻。其输出缓冲器具有对称的驱动特性，可以输出和吸收大电流。作为输入使用时，若内部上拉电阻使能，则端口被外部电路拉低时将输出电流。在复位过程中，即使系统时钟还未起振，端口 D 处于高阻状态。D 口有第二功能，第二功能的使用方法后续再介绍。

● RESET：复位输入引脚。持续时间超过最小门限时间的低电平将引起系统复位持续时间小于门限时间的脉冲，不能保证可靠复位。

● XTAL1：反向振荡放大器与片内时钟操作电路的输入端。

● XTAL2：反向振荡放大器的输出端。

● AVCC：AVCC 是端口 A 与 A/D 转换器的电源。不使用 ADC 时，该引脚应直接与 V_{CC} 连接。使用 ADC 时应通过一个低通滤波器与 V_{CC} 连接。

● AREF：A/D 的模拟基准输入引脚。

2. 系统配置

ATmega16 在出厂时配置为 1MHz 的内部晶振，并使能 JTAG 仿真接口，此时芯片只需接上额定的电源，下载应用程序便可工作。芯片也可配置为外部晶振，取消 JTAG 功能。ATmega16 片内有 16 个熔丝位，分为两个字节，用于系统配置，可选择系统的时钟源、JTAG 使能、定位中断向量、配置引导程序段大小、设定上电延时启动程序时间、系统时钟振幅选择等，在芯片初次使用时用下载软件环境可对熔丝位进行绕接。

1.3　单片机最小系统

能让单片机工作的由最基本元器件构成的系统称为单片机最小系统。单片机最小系统通常包括电源、复位电路、振荡器电路等，不同型号单片机的最小系统包含的外围电路有所不同。ATmega16 单片机片内集成了上电复位电路、主频振荡器、Flash 存储器、EEPROM 存储器、定时器、I/O 接口、A/D 转换器等资源，不需要外接任何元件就可以工作。

ATmega16 单片机最小硬件系统如图 1-1-2 所示。

图 1-1-2　ATmega16 单片机最小硬件系统

- PA、PB、PC、PD 四个端口双排引出，一排已经焊接好排针，另外一排没有焊接，可以根据自己的使用情况焊接排针、排座、排线，使外围电路的扩展更加方便自由。
- 含有串口通信电路，可以直接与 PC 机串口通信，可以做串口通信试验，也可以用来在调试程序的过程中输出日志信息，使程序调试更加方便高效。
- 引出 AVR 芯片的 ADC 引脚，并且扩展了 AD 参考电压调节电路（0～5V），可以自由选择使用芯片内部电压或者从调节电路输入参考电压，芯片自带的 AD 功能得到最大程度的体现。
- 引出 ISP 接口，可以直接连接 ISP 下载线为芯片烧录程序，也可以用作 ISP 通信接口。
- 引出 JTAG 接口，可以直接连接 JTAG 仿真器，使调试程序更加方便。
- 晶振使用插座方式插入，可以根据自己的需要自由更换晶振。
- USB 供电，插在电脑 USB 口上就可以工作，同时留有 5V 直流电源接口，多种供电方式，可以根据实际情况自由选择，使没有电源的用户不再烦恼。
- 含有复位电路，无需再担心程序跑飞。

基础知识2
ATmega16 单片机软件基础

2.1 ICCAVR 软件快速入门

不同的单片机编译环境也有所不同，一般单片机厂家都有官方软件，也可以使用第三方软件。ICCAVR 是一款非常好用的 AVR 编译软件，在国内使用这款软件的人最多，例程也非常丰富，使用较为方便。本书所用软件版本为 iccv7avrV7.22。

2.1.1 ICCAVR 软件安装

（1）单击安装图标，如图 1-2-1 所示。
（2）单击后系统弹出安装界面，如图 1-2-2 所示。

图 1-2-1　安装图标

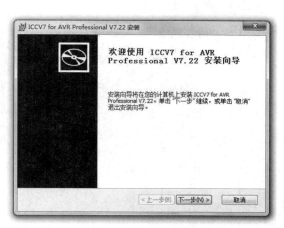

图 1-2-2　安装向导

（3）单击"下一步"按钮，弹出如图 1-2-3 所示的对话框。
（4）单击"下一步"按钮，弹出如图 1-2-4 所示的对话框（为避免出现错误，尽量保持默认路径，即保存在 C:\iccv7avr\目录中）。

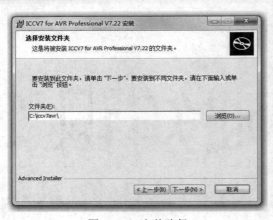

图 1-2-3　安装路径

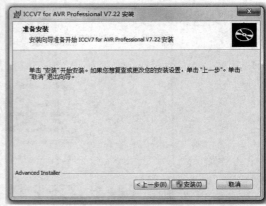

图 1-2-4　准备安装

（5）单击"下一步"按钮，依次弹出如图 1-2-5 和图 1-2-6 所示的对话框。

图 1-2-5　安装过程

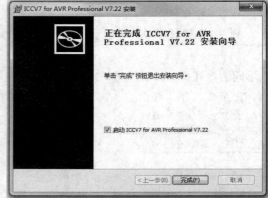

图 1-2-6　安装完成

（6）单击"完成"按钮，弹出 ICCAVR 主界面窗口，如图 1-2-7 所示。

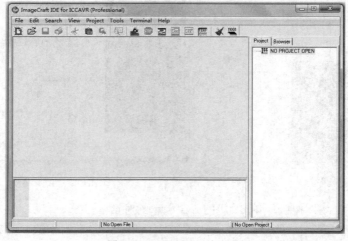

图 1-2-7　ICCAVR 主界面

2.1.2　ICCAVR 软件使用

1.　新建一个项目

（1）启动 ICCAVR，界面如图 1-2-7 所示，选择 Project→New 命令，弹出如图 1-2-8 所示的对话框。

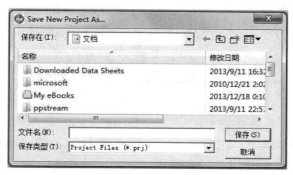

图 1-2-8　新建项目

（2）为方便日后程序的查找和管理，习惯上将项目文件建在 C:\icc7avr\examples.avr 文件夹下（文件夹最好用英文或者数字命名），如图 1-2-9 所示。

图 1-2-9　新建项目文件夹

（3）在文件夹的"文件名"文本框中输入项目名称，保存为.prj 格式，如图 1-2-10 和图 1-2-11 所示。

图 1-2-10　输入新建项目名称

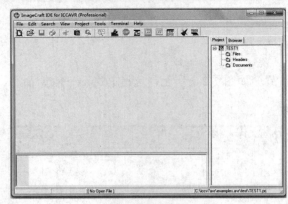

图 1-2-11　输入新建项目名称并保存

2. 选择目标器件单片机型号

选择 Project→Options 命令，单击 Target 选项卡，在 Device Configuration 下拉列表框中选择 ATmega16，单击 OK 按钮，如图 1-2-12 所示。

图 1-2-12　选择单片机型号

3. 新建一个 C 语言程序

（1）选择 File→New 命令，弹出界面如图 1-2-13 所示。

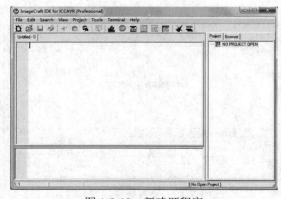

图 1-2-13　新建源程序

（2）输入 C 语言源程序，如图 1-2-14 所示。

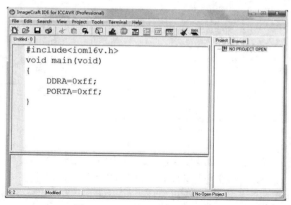

图 1-2-14　输入 C 语言程序

（3）选择 File→Save 命令，将源程序保存为.c 格式，如图 1-2-15 所示。

图 1-2-15　将源程序保存为.c 格式

4. 将程序添加到项目中

方法一：选择 Project→Add File 命令，将新建立的源程序 test.c 添加到项目 test.prj 中，如图 1-2-16 所示。

图 1-2-16　将源程序添加到项目中

方法二：在窗口右侧的 Project 窗格中，右击 Files 文件夹，在弹出的快捷菜单中选择 Add File 选项，如图 1-2-17 所示。

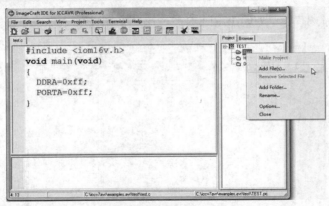

图 1-2-17　用鼠标右键将源程序添加到项目中

5. 编译程序

选择 Project→Rebuild All 命令，或者单击快捷图标 ，若是编译通过，则在最下面的窗格中会有提示，如图 1-2-18 所示。

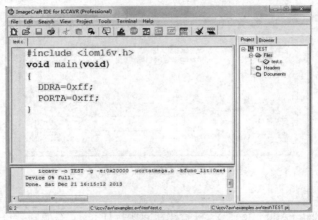

图 1-2-18　编译成功

6. ICCAVR 生成程序文件

编译正确后，此时打开第一步建立工程的文件夹，可以看到如图 1-2-19 所示的文件。

名称	修改日期	类型	大小
BACKUP	2013/12/21 16:18	文件夹	
test.c	2013/12/21 16:18	C compiler sour...	1 KB
TEST.cof	2013/12/21 16:18	COFF symbolic d...	1 KB
TEST.dbg	2013/12/21 16:18	DBG 文件	1 KB
TEST.hex	2013/12/21 16:18	Intel HEX file	1 KB
test.lis	2013/12/21 16:18	LIS 文件	1 KB
TEST.lk	2013/12/21 16:18	LK 文件	1 KB
TEST.lst	2013/12/21 16:18	List file	2 KB
TEST.mak	2013/12/21 16:18	MAK 文件	1 KB
TEST.mp	2013/12/21 16:18	MP 文件	2 KB
test.o	2013/12/21 16:18	O 文件	1 KB
test.prj	2013/12/21 16:18	CodeVisionAVR ...	2 KB
TEST.SRC	2013/12/21 16:11	SRC 文件	1 KB

图 1-2-19　文件列表

ICCAVR 软件编译成功后会生成很多文件，对普通用户以及新手来说，有用的只有两个文件，即*.cof（调试用）和*.hex（机器码）。下面对一些文件进行简单说明。

- test.c：主程序文件。
- test.cof：输出文件用于在 AvrStudio 环境下进行程序调试。
- test.dbg：调试命令文件。
- test.hex：文件中包含了程序的机器代码。
- test.lst：列表文件，列举出了目标代码对应的最终地址。
- test.mp：内存映象文件，包含了程序中有关符号及其所占内存大小的信息。
- test.o：由汇编产生的目标文件，多个目标文件可以链接成一个可执行文件。
- test.prj：工程文件。
- TEST.SRC：工程配置记录。

2.2　CodeVisionAVR 软件快速入门

CodeVisionAVR 是一款专为 Atmel AVR 系列微控制器而设计的交互式 C 编译器，集成较多常用外围器件的操作函数，集成代码生成向导，有软件模块。本书所用软件版本为 cvavr v1.25.8。

2.2.1　CodeVisionAVR 软件安装

（1）单击 setup 安装图标，弹出如图 1-2-20 所示的对话框。

（2）单击 Next 按钮，弹出如图 1-2-21 所示的对话框。

图 1-2-20　安装向导

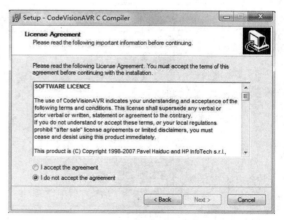

图 1-2-21　安装协议

（3）选中 I accept the agreement 单选项，单击 Next 按钮，弹出如图 1-2-22 所示的对话框。

（4）填写软件正确的 Password，单击 Next 按钮，弹出如图 1-2-23 所示的对话框。

（5）单击 Next 按钮，开始安装软件，对话框如图 1-2-24 和图 2-25 所示。

（6）单击 Finish 按钮，弹出主界面窗口，如图 1-2-26 所示。

图 1-2-22　安装密钥

图 1-2-23　安装路径

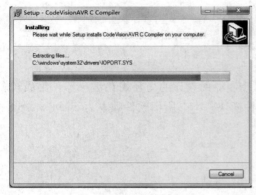

图 1-2-24　安装过程

图 1-2-25　安装过程

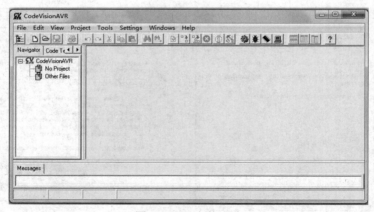

图 1-2-26　安装成功

2.2.2　CodeVisionAVR 软件使用

1. 新建一个项目

选择 File→New 命令，新建 Project 项目文件，单击 OK 按钮，在弹出的对话框中单击 No 按钮，最后选择工程保存的路径及名称，如图 1-2-27 至图 1-2-30 所示。

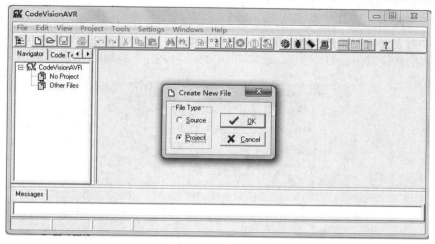

图 1-2-27　新建项目

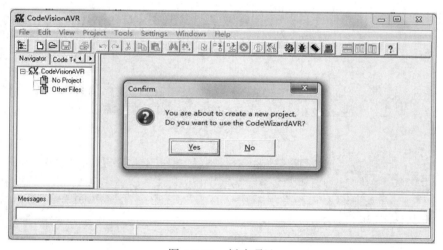

图 1-2-28　新建项目

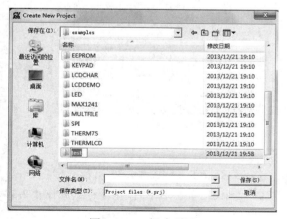

图 1-2-29　新建项目

图 1-2-30　新建项目

2. 选择目标器件单片机型号

在 Configure Project test 对话框中选择 C Compiler 选项卡，再选择 Code Generation 选项卡，在 Chip 下拉列表中选择 ATmega16 芯片，单击 OK 按钮，如图 1-2-31 和图 1-2-32 所示。

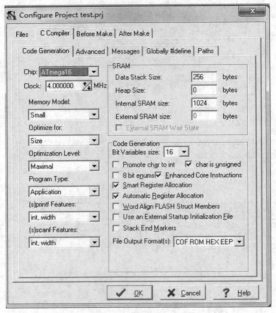

图 1-2-31　选择单片机型号

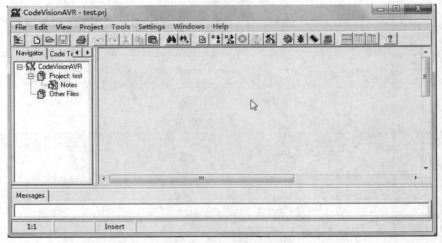

图 1-2-32　选择单片机型号后的界面

3. 新建一个 C 语言程序

（1）选择 File→New 命令，新建 Source 文档，单击 OK 按钮，如图 1-2-33 所示。

（2）选择 File→Save As 命令，将新建文档改名为 test.c，单击 Save 按钮保存，如图 1-2-34 所示。

（3）在窗口中编写 C 语言源程序，如图 1-2-35 所示，选择 File→Save 命令，保存文件。

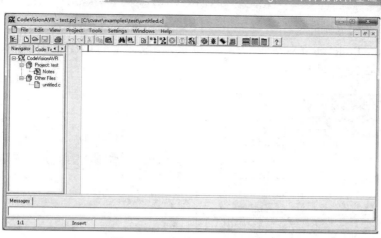

图 1-2-33　新建 untitled.c 文档

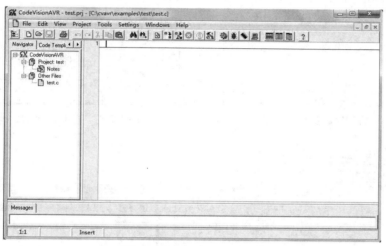

图 1-2-34　新建 test.c 文档

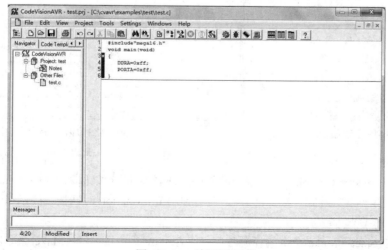

图 1-2-35　编写源程序

4. 将程序添加到项目中

打开 Configure Project test 对话框，单击 Add 按钮，将之前的 C 程序文档加入工程，然后单击 OK 按钮，如图 1-2-36 至图 1-2-39 所示。

图 1-2-36　将程序添加到项目中

图 1-2-37　将程序添加到项目中

图 1-2-38　将程序添加到项目中

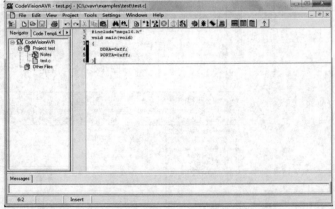

图 1-2-39　将程序添加到项目中

5. 编译程序

（1）选择 Project→Compile 命令编译源程序，或者单击 ![按钮] 按钮编译（Compile 命令仅仅进行源代码的编译，不产生二进制目标文件），之后会弹出 Information 对话框，提示错误等信息，如图 1-2-40 所示。

（2）选择 Project→Make 命令编译源程序，或者单击 ![按钮] 按钮编译（Make 命令能产生相应的二进制代码文件），之后会弹出 Information 对话框，提示错误等信息，如图 1-2-41 所示。

图 1-2-40   Information 对话框

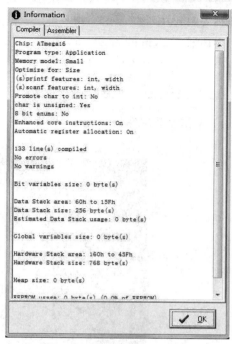
图 1-2-41   Information 对话框

6. CodeVisionAVR 生成程序文件

编译正确后，此时打开第一步建立工程的文件夹，可以看到如图 1-2-42 所示的文件。

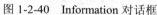

名称	修改日期	类型	大小
test.asm	2013/12/21 21:11	ASM 文件	17 KB
test.c	2013/12/21 20:47	C compiler sour...	1 KB
test.c~	2013/12/21 20:39	C~ 文件	1 KB
test.cof	2013/12/21 21:11	COFF symbolic d...	1 KB
test.hex	2013/12/21 21:11	Intel HEX file	1 KB
test.i	2013/12/21 21:11	I 文件	2 KB
test.inc	2013/12/21 21:11	INC 文件	1 KB
test.lst	2013/12/21 21:11	List file	39 KB
test.map	2013/12/21 21:11	C compiler map ...	1 KB
test.obj	2013/12/21 21:11	Photoshop.OBJ fi...	1 KB
test.pr~	2013/12/21 20:28	PR~ 文件	4 KB
test.prj	2013/12/21 21:11	CodeVisionAVR ...	4 KB
test.rom	2013/12/21 21:11	Atmel FLASH co...	2 KB
test.txt	2013/12/21 20:28	Text file	0 KB
test.vec	2013/12/21 21:11	VEC 文件	1 KB
test_.c	2013/12/21 21:11	C compiler sour...	1 KB

图 1-2-42   文件列表

2.3   AVR Studio 软件快速入门

AVR Studio 是 Atmel 官方发行的免费软件，其强大的功能和正宗的血统使它成为绝大多数 AVR 开发者必不可少的工具。

AVR Studio 作为前端处理软件，为 AVR 单片机开发者提供了高度集成的开发方案。AVR Studio

为功能强大的 AVR 8 位 RISC 指令集单片机提供了工程管理工具、源文件编辑器、芯片模拟器和在线仿真调试（In-circuit emulator）接口，利用这些功能我们可以进行在线编辑源代码，并在 AVR 器件上运行，方便 AVR 单片机开发者进行开发。本书所用软件版本为 AvrStudio416。

2.3.1 AVR Studio 软件安装

（1）双击安装文件 setup.exe，弹出如图 1-2-43 所示的对话框，单击 Next 按钮。

图 1-2-43　欢迎信息框

（2）在弹出的对话框中选中 I accept the terms of the license agreement（我接受许可协议的条款）单选项，再单击 Next 按钮，如图 1-2-44 所示。

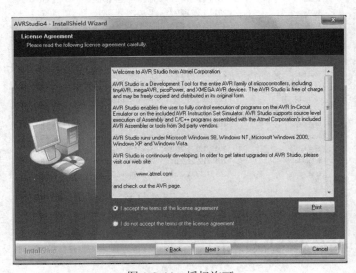

图 1-2-44　授权许可

（3）在弹出的对话框中单击 Change 按钮以更改安装路径，或者直接单击 Next 按钮按照默认路径进行安装，直到安装结束为止，如图 1-2-45 至图 1-2-48 所示。

图 1-2-45 选择安装路径

图 1-2-46 勾选选项

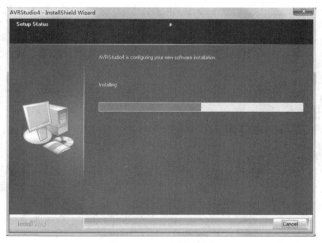

图 1-2-47 安装过程

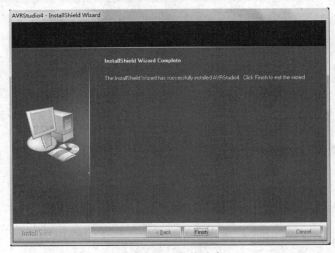

图 1-2-48　安装结束

2.3.2　AVR Studio 软件使用

1．AVR Studio 导入源程序

（1）启动 AVR Studio，启动界面如图 1-2-49 所示，欢迎对话框如图 1-2-50 所示。

图 1-2-49　启动界面

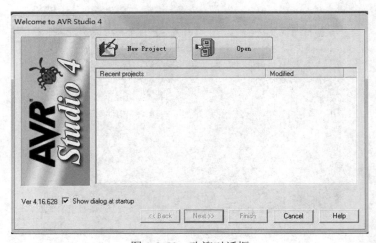

图 1-2-50　欢迎对话框

（2）在图 1-2-50 所示的对话框中单击 Open 按钮，将弹出 Open Project File or Object File 对话框，通过"查找范围"下拉列表框找到在 ICCAVR 或 CodeVisionAVR 中创建并需要打开的项目，如图 1-2-51 所示。

（3）选择.cof 文件打开，如果是以前打开过，并且保存了.aps 文件，则可以在最近打开文件的窗口中快速打开，如图 1-2-52 所示。

图 1-2-51　打开在 ICCAVR 中已创建的项目

图 1-2-52　选择打开 TEST.cof 文件

（4）弹出 Save AVR Studio Project File 对话框，如图 1-2-53 所示。单击"保存"按钮，方便下一次打开。

图 1-2-53　Save AVR Studio Project File 对话框

（5）选择仿真环境，左边为调试平台，这里我们使用的是 AVR Simulator，右边为芯片类型，这里我们使用的是 ATmega16，如图 1-2-54 所示。

2．AVR Studio 编辑环境的设置

AVR Studio 集成工作环境界面如图 1-2-55 所示，包括菜单栏、工具栏、工作窗口、源程序编辑窗口、I/O 观察窗口、信息窗口和系统状态条等部分。

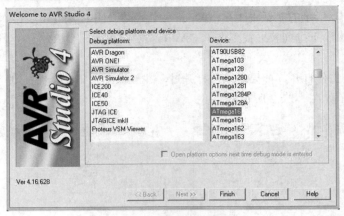

图 1-2-54　调试平台和器件选择对话框

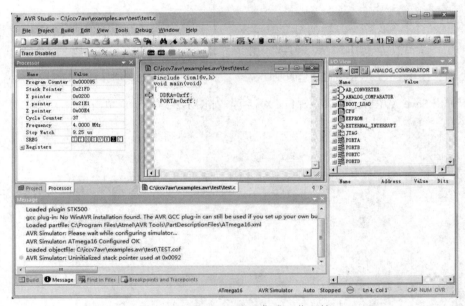

图 1-2-55　AVR Studio 集成工作环境

　　AVR Studio 的菜单栏与标准的 Windows 程序中的菜单栏基本相同，包括 File（文件）、Project（项目）、Build（编译）、Edit（编辑）、View（视图）、Tools（工具）、Debug（调试）、Window（窗口）、Help（帮助）九个部分。

　　3. AVR Studio 仿真参数的设置

　　在进行仿真前，有可能还需要进行相关参数的设置，如更改 AVR 单片机型号、更改单片机的晶振频率等。在 AVR Studio 中执行菜单命令 Debug→AVR Simulator Options，将弹出 Simulator Options 对话框。Simulator Options 对话框中有两个选项卡：Device selection 和 Stimuli and logging。Device selection 选项卡如图 1-2-56 所示，在 Device 下拉列表中用户可选择所需的单片机型号，在此选择 ATmega16；在 Frequency 下拉列表中可选择 AVR 单片机使用的晶振频率，在此选择 8MHz：在 Boot loader 中可引导加载程序的设置，选中 Enable Boot reset 复选框时表示允许启动复位，在其下拉列表中可选择启动复位地址。

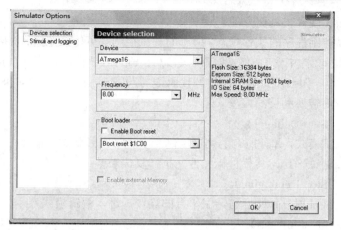

图 1-2-56　芯片参数设置

Stimuli and logging 选项卡如图 1-2-57 所示，在此可设置外部激励或者记录端口的相关信息。在 Port 下拉列表中可选择外部激励端口或记录端口；在 Function 区域可选择外部激励端口（Stimuli）或记录端口（logging）。

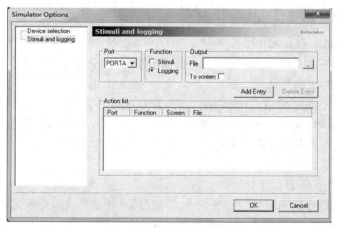

图 1-2-57　激活/记录端口设置

设置为外部激励端口（Stimuli）时，必须是该端口为输入状态时有效，且还需指出激励文件位置，即在 File 中打开激励文件。激励文件中的值将在指定的周期被放在指定端口的 PIN 寄存器中，激励文件的格式与端口记录格式相同。

设置为记录端口（Logging）时，必须是该端口为输出状态时有效，且还需在 File 中选择一个文件用于放置记录数据。文件中的内容是端口寄存器的内容。如果一个周期中端口寄存器的内容没有改变，就没有输出产生。记录文件在每次程序复位时被删除，在每次程序装入 AVR Studio 时，记录都将被人工激活。

4. AVR Studio 对程序进行调试

在 AVR Studio 中进行模拟仿真时，其调试算法、程序流程等方面与硬件仿真机没有多大区别。对于 I/O 端口、定时器、UART、中断响应等，在 AVR Studio 中也可进行模块仿真。但是由于硬件仿真机没有提供程序运行时间等方面的参数调试，所以 AVR Studio 在调试程序、计算一段程序运行所花的时间等方面比硬件仿真更方便。

调试控制栏可以控制程序的执行状态，所有的调试控制都可以由菜单、快捷键和调试工具栏实现。注意，如果在目标文件中含有有效的源码级信息，所有的调试操作将一直持续执行，直到到达第一条用户源代码语句。如果没有遇到用户源代码语句，程序将继续执行。如果要停止程序的运行，必须在发出停止命令前转换到反汇编模式。

（1）开始调试（Start Debugging）。

此命令将启动调试模式，并使所有的调试控制命令处于有效状态。通常在调试模式下不能编辑程序。此命令将连接调试平台，装载目标文件并执行复位操作。

（2）停止调试（Stop Debugging）。

此命令将停止调试过程，并断开与调试平台的连接，进入编辑模式。

（3）复位（Reset）（Shift+F5）。

此命令可以让目标程序复位。当程序正在运行时，执行此命令程序将停止运行。如果用户是在源级模式中，程序会在复位完成后继续运行直到第一条用户的源代码语句处。复位命令执行后，所有窗口中的信息都将更新。

（4）运行（Run）（F5）。

调试菜单中的运行命令将启动（重启动）程序。程序将一直运行直到被用户停止或遇到一个断点。只有当程序处于停止运行状态时才能执行此命令。

（5）暂停（Break）（Ctrl+F5）。

调试菜单中的暂停命令将停止程序运行。当程序停止时，所有窗口中的信息都将更新。只有当程序处在运行状态时才能执行此命令。

（6）单步执行（Single Step，Trace Into）（F11）。

调试菜单中的跟踪命令将控制程序只执行一条指令。当 AVR Studio 是在源代码级模式时，可执行一条源代码语句。当在反汇编级模式时，可执行一条反汇编指令。当指令执行完成后，所有窗口中的信息都将更新。

（7）逐过程（Step Over）（F10）。

调试菜单中的逐过程命令只执行一条指令。如果此条指令包含一个函数调用/子程序调用，该函数/子程序也会同时执行。如果在逐过程命令中遇到用户设置的断点，程序运行将被挂起。在逐过程命令执行完毕后，所有窗口中的信息才会被更新。

（8）跳出（Step Out）（Shift+F11）。

调试菜单中的跳出命令会使程序一直运行，直到当前函数结束。如果遇到用户设置的断点，程序运行将被挂起。当程序处在最外层（如主函数）时，此时执行跳出命令，程序将继续运行，直到遇到一个断点或被用户停止。在该命令执行完成后，所有窗口中的信息都将更新。

（9）运行到光标处（Run To Cursor）（F7）。

调试菜单中的运行到光标处命令将使程序运行到源代码窗口中光标指示的语句处停止。此时如果遇到用户的断点，程序的运行将不会被挂起。如果程序运行永远达不到光标指示处的语句，程序将一直继续运行，直到被用户停止。当此命令结束后，所有窗口中的信息都将更新。由于此命令是与光标位置有关，所以只有当源代码窗口激活时才有效。

（10）自动运行（Auto Step）。

调试菜单中的自动运行命令将重复执行跟踪指令。当 AVR Studio 处在源代码级模式时，每次执行一条源指令，处在反汇编级模式时，每次执行一条汇编指令，随后所有窗口中的信息都将更新，接着自动执行下一条语句或指令。使用自动运行命令时，程序的运行将一直持续地单步运行，直到遇到一个用户设置的断点或被用户停止。

（11）设置下条开始运行的语句（Set Next Statement）。

使用此条指令，你可以在程序任何位置的可执行语句处设置一个黄色标签：用鼠标指定一条可执行的语句后选择该命令，下一条调试命令将从带有标记的语句开始运行。

（12）显示下条语句（Show Next Statement）。

将含有黄色标记指定的语句所在的窗口作为当前有效窗口，窗口显示内容以该语句为焦点。

5. AVR Studio 对软件进行仿真

程序在调试运行过程中，通过相应的窗口可以观察各个寄存器的值，从而分析程序是否达到设计要求。若需观察已导入 AVR Studio 的 TEST 项目源程序的运行状况，可首先在 I/O 观察窗口中单击 PORTA（因为源程序使用了 PORTA 端口），然后执行自动运行命令，由此可以看到 Processor 窗口中的 Cycle Counter 和 Stop Watch 中的数据不断更新，而 I/O 观察窗口中 PORTA 端口的状态值（Value）将每隔一定时间发生一次变化，其运行仿真如图 1-2-58 所示。若想终止运行，执行菜单命令 Debug→Reset 即可。

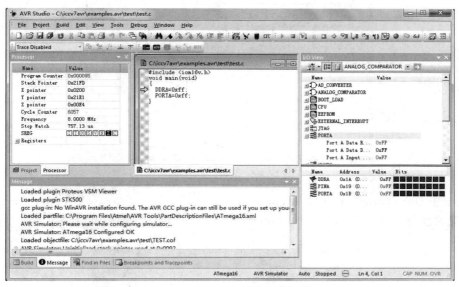

图 1-2-58　TEST 项目仿真运行

2.4　Proteus 软件快速入门

Proteus ISIS 是英国 Labcenter 公司开发的电路分析与实物仿真软件。它运行于 Windows 操作系统上，可以仿真、分析（SPICE）各种模拟器件和集成电路，该软件的特点是：

● 实现了单片机仿真和 SPICE 电路仿真相结合。具有模拟电路仿真、数字电路仿真、单片机及其外围电路组成的系统的仿真、RS232 动态仿真、I2C 调试器、SPI 调试器、键盘和 LCD 系统仿真的功能；有各种虚拟仪器，如示波器、逻辑分析仪、信号发生器等。

- 支持主流单片机系统的仿真。目前支持的单片机类型有：68000 系列、8051 系列、AVR 系列、PIC12 系列、PIC16 系列、PIC18 系列、Z80 系列、HC11 系列，以及各种外围芯片。
- 提供软件调试功能。在硬件仿真系统中具有全速、单步、设置断点等调试功能，同时可以观察各个变量、寄存器等的当前状态，因此在该软件仿真系统中也必须具有这些功能；同时支持第三方的软件编译和调试环境，如 Keil C51 uVision2 等软件。
- 具有强大的原理图绘制功能。

总之，该软件是一款集单片机和 SPICE 分析于一身的仿真软件，功能极其强大。本书所用软件版本为 Proteus-Pro-crack-ha-7.8sp2。

2.4.1　Proteus 软件安装

（1）双击 P7.8sp2.exe 开始安装，在弹出的对话框中单击 Next 按钮（2 次），弹出软件安装类型的选择对话框，如图 1-2-59 所示。

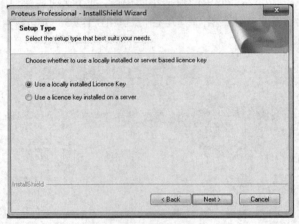

图 1-2-59　软件安装类型

（2）选中 Use a licence key installed on a server 单选项，输入正版验证码后单击 Next 按钮，弹出软件安装路径的设置对话框，如图 1-2-60 所示。

图 1-2-60　软件安装路径

（3）选择默认路径，单击 Next 按钮，弹出选择软件安装内容的对话框，选中 Converter Files，如图 1-2-61 所示。

（4）单击 Next 按钮，直到软件安装结束，如图 1-2-62 所示，单击 Finish 按钮完成安装。

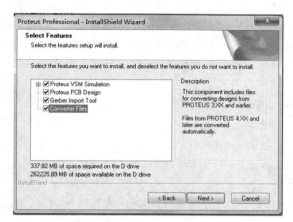

图 1-2-61　选择要安装的内容

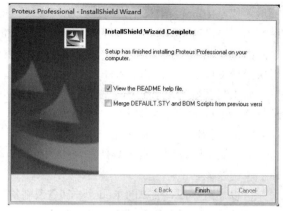

图 1-2-62　软件安装结束

（5）将 Proteus Pro 7.8 软件正版注册，双击软件图标打开软件，如图 1-2-63 所示。

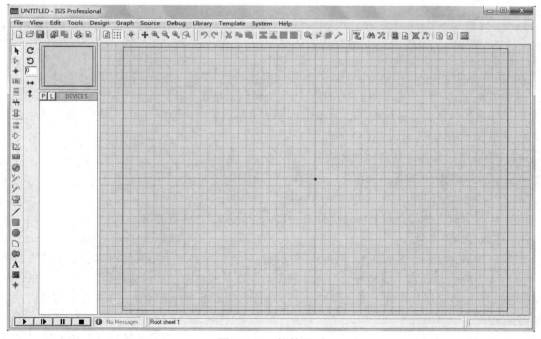

图 1-2-63　软件界面

2.4.2　Proteus 软件使用

Proteus ISIS 的工作界面是一种标准的 Windows 界面，如图 1-2-63 所示，包括标题栏、主菜单、标准工具栏、绘图工具栏、状态栏、对象选择按钮、预览对象方位控制按钮、仿真进程控制按钮、预览窗口、对象选择器窗口、图形编辑窗口。

1. 图形编辑窗口

在图形编辑窗口内完成电路原理图的编辑和绘制。为了方便作图坐标系统，ISIS 中坐标系统的基本单位是 10nm。坐标原点默认在图形编辑区的中间，图形的坐标值能够显示在屏幕右下角的状态栏中。编辑窗口内有点状的栅格，可以通过 View 菜单的 Grid 命令在打开和关闭间切换。点与点之间的间距由当前捕捉的设置决定。捕捉的尺度可以由 View 菜单的 Snap 命令设置，或者直接使用快捷键 F4、F3、F2 和 Ctrl+F1。

如果想要确切地看到捕捉位置，可以使用 View 菜单的 X-Cursor 命令，选中后将会在捕捉点显示一个小的或大的交叉十字。

当鼠标指针指向管脚末端或者导线时，鼠标指针将会捕捉到这些物体，这种功能被称为实时捕捉，该功能可以方便地实现导线和管脚的连接。可以通过 Tools 菜单的 Real Time Snap 命令或者是 Ctrl+S 切换该功能。

可以通过 View 菜单的 Redraw 命令来刷新显示内容，同时预览窗口中的内容也将被刷新。当执行其他命令导致显示错乱时可以使用该特性恢复显示。

视图的缩放与移动有以下几种方式：

● 单击预览窗口中想要显示的位置，这将使编辑窗口显示以鼠标单击处为中心的内容。

● 在编辑窗口内移动鼠标，按下 Shift 键，用鼠标"撞击"边框会使显示平移，称这种操作为 Shift-Pan。

● 用鼠标指向编辑窗口并按缩放键或者操作鼠标的滚动键，会以鼠标指针位置为中心重新显示。

2. 预览窗口

该窗口通常显示整个电路图的缩略图。在预览窗口上单击，将会有一个矩形蓝绿框标示出在编辑窗口中显示的区域。其他情况下，预览窗口显示将要放置的对象的预览。这种 Place Preview 特性在以下情况下被激活：

● 当一个对象在选择器中被选中时。

● 当使用旋转或镜像按钮时。

● 当为一个可以设定朝向的对象选择类型图标时。

当放置对象或者执行其他非以上操作时，Place Preview 会自动消除。

3. 对象选择器窗口

对象选择器（Object Selector）根据由图标决定的当前状态显示不同的内容。显示对象的类型包括：设备、终端、管脚、图形符号、标注和图形。在某些状态下，对象选择器有一个 Pick 切换按钮，单击该按钮可以弹出库元件选取窗体。通过该窗体可以选择元件并置入对象选择器，方便今后绘图时使用。

总之 Proteus 仿真软件的功能是非常强大的，在后面的项目中会继续讲解其使用方法。

2.4.3 Proteus 软件绘制原理图

下面以图 1-2-64 为例来介绍 Proteus 软件原理图的绘制方法。

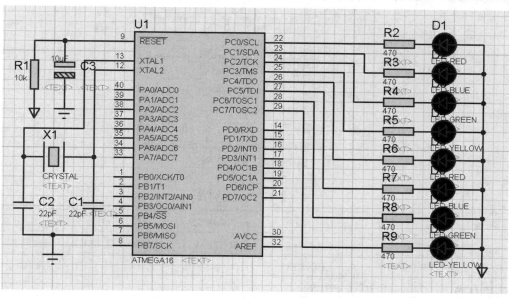

图 1-2-64　原理图

1. 新建设计模板

打开 ISIS 7 Professional 窗口，选择 File→New Design 命令，弹出模板选择对话框，如图 1-2-65 所示。图中纵向图纸为 Portrait，横向图纸为 Landscape，DEFAULT 为默认模板。选中 DEFAULT，单击 OK 按钮，则新建好一个 DEFAULT 模板。

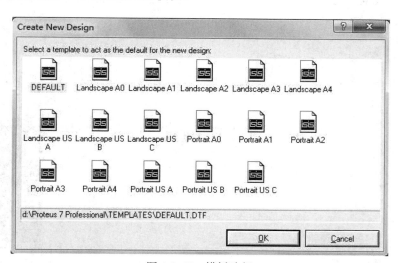

图 1-2-65　模板选择

2. 设定图纸大小

选择 System→Set Sheet Sizes 命令，弹出如图 1-2-66 所示的对话框，在其中选中 A4 复选框，单击 OK 按钮完成图纸设定。

3. 元器件的添加

本次设计图纸所使用的元器件如表 1-2-1 所示。

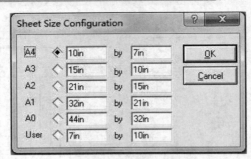

图 1-2-66　图纸选择

表 1-2-1　元器件列表

符号	中文	符号	中文	符号	中文
ATmega16	单片机	CAP22pF	瓷片电容	CRYSTAL 8MHz	晶振
CAP-ELEC 10μF	电解电容	LED-RED	发光二极管	LED-BLUE	发光二极管
LED-YELLOW	发光二极管	RES	电阻		

选择 Library→Pick Device/Symbol 命令，或者在器件选择按钮栏 P L DEVICES 中单击 P 按钮，弹出如图 1-2-67 所示的对话框。

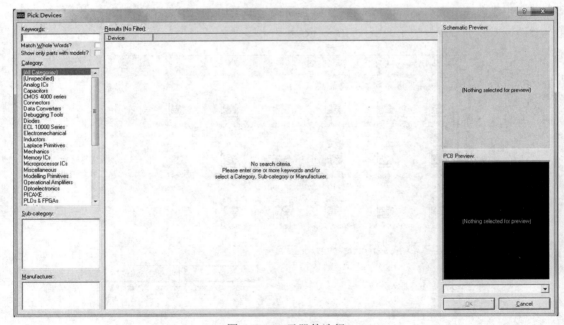

图 1-2-67　元器件选择

在"关键字"文本框中输入元器件名称，如 ATmega16，则会出现与其相匹配的元器件列表，如图 1-2-68 所示。

选中后双击 ATmega16 所在行，单击 OK 按钮后便将 ATmega16 元器件加入到 ISIS 对象选择器中。按照上述方法，将其他元器件分别添加到 ISIS 对象选择器中。

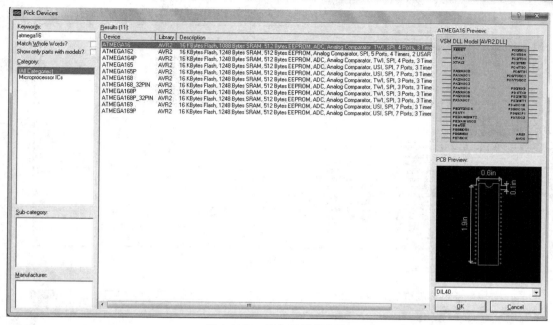

图 1-2-68　输入元器件名称

4. 原理图绘制

根据样图将所需元器件放置在图纸上，通过移动、旋转、布线等操作完成整个原理图，如图 1-2-64 所示。

5. 生成网络表并进行电气检测

选择 Tools→Netlist Compiler 命令，弹出如图 1-2-69 所示的对话框，在其中可以设置网络表的输出形式、模式等，此处不进行修改，单击 OK 按钮以默认方式输出如图 1-2-70 所示的内容。

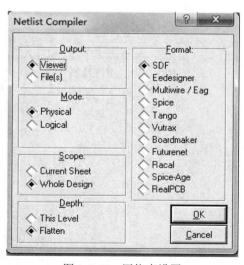

图 1-2-69　网络表设置

电路画完并生成网络表后可以进行电气检测，选择 Tools→Electrical Rule Check 命令，弹出如图 1-2-71 所示的电气检测窗口，从中可以看到此处无电气错误。

图 1-2-70　输出网络表

图 1-2-71　电气检测

基础知识 3
ATmega16 单片机 C 语言基础

    C 语言是一种使用非常方便的高级语言，它既具有高级语言的特点，又具有汇编语言的特点。C 语言由美国贝尔研究所的 D.M.Ritchie 于 1972 年推出，1978 年后，C 语言已先后被移植到大、中、小及微型机上，它可以作为工作系统设计语言编写系统应用程序，也可以作为应用程序设计语言编写不依赖计算机硬件的应用程序。C 语言具备很强的数据处理能力，应用范围广泛，不仅仅是在软件开发上，在各类科研中都需要用到 C 语言，适于编写系统软件、三维/二维图形和动画，具体应用如单片机以及嵌入式系统的开发。

3.1　C 语言的特点

    C 语言是国际上广泛流行的计算机高级语言。它既可以用于编写系统软件，也可以编写应用软件。现在开发的单片机应用程序多数都用到 C 语言。这主要是因为 C 语言具有很好的可移植性和硬件控制能力，表达和运算能力也较强。许多过去只能用汇编语言来解决的问题现在用 C 语言也可以解决。归纳起来 C 语言具有以下特点：

    （1）简洁紧凑、灵活方便。C 语言一共只有 32 个关键字，9 种控制语句，程序书写形式自由，区分大小写。把高级语言的基本结构和语句与低级语言的实用性结合起来。C 语言可以像汇编语言一样对位、字节和地址进行操作，而这三者是计算机最基本的工作单元。

    （2）运算符丰富。C 语言的运算符包含的范围很广泛，共有 34 种。C 语言把括号、赋值、强制类型转换等都作为运算符处理，从而使 C 语言的运算类型极其丰富，表达式类型多样化。灵活使用各种运算符可以实现在其他高级语言中难以实现的运算。

    （3）数据类型丰富。C 语言的数据类型有：整型、实型、字符型、数组类型、指针类型、结构体类型、共用体类型等，能用来实现各种复杂的数据结构的运算，并引入了指针概念，使程序效率更高。另外 C 语言具有强大的图形功能，支持多种显示器和驱动器，且计算功能、逻辑判断功能强大。

    （4）结构式语言。结构式语言的显著特点是代码及数据的分隔化，即程序的各个部分除了必要的信息交流外彼此独立。这种结构化方式可使程序层次清晰，便于使用、维护和调试。C 语言是以函数形式提供给用户的，这些函数可方便地调用，并有多种循环、条件语句控制程序流向，从而使程序完全结构化。

（5）语法限制不太严格，程序设计自由度大。虽然 C 语言也是强类型语言，但它的语法比较灵活，允许程序编写者有较大的自由度。允许直接访问物理地址对硬件进行操作，因此它既具有高级语言的功能，又具有低级语言的许多功能，能够像汇编语言一样对位、字节和地址进行操作，而这三者是计算机最基本的工作单元，可用来写系统软件。

（6）生成目标代码质量高，程序执行效率高。一般只比汇编程序生成的目标代码效率低 10%～20%。

（7）适用范围广，可移植性好。C 语言的一个突出优点就是适合于多种操作系统，如 DOS、UNIX、Windows 98、Windows NT；也适用于多种机型。C 语言具有强大的绘图能力，可移植性好，并具备很强的数据处理能力，因此适于编写系统软件、三维/二维图形和动画。C 语言也是数值计算的高级语言。

3.2　C 语言的结构

C 语言程序由一个主函数和若干个功能函数组成。主函数只能有一个，分成两部分：声明部分和执行部分。声明部分指的是变量的类型说明，函数中的变量都必须在声明之后才可以使用。在程序声明中，不仅可以有变量声明，还可以有函数声明。执行部分是函数的主体，一般是由一批可执行的语句组成，用于完成开发者的意图。

为了说明 C 语言程序的结构特点，下面列举一个发光二极管闪烁的例子，程序清单如下：

```
#include <iom16v.h>              //第 1 行
#define uint unsigned int        //第 2 行
/*********延时函数*********/
void delay(uint k)               //第 3 行
{
    uint i,j;                    //第 5 行
    for(i=0;i<k;i++)             //第 6 行
        {
            for(j=0;j<1140;j++); //第 8 行
        }
}
/*********主函数*********/
void main(void)                  //第 11 行
{
    DDRC=0xff;
    PORTC=0xff;
    while(1)                     //第 15 行
    {
        PORTC=0xff;
        delay(500);              //第 18 行
        PORTC=0x00;
        delay(500);              //第 20 行
    }
}
```

这个程序的作用是让接在 PC 口上的 8 个 LED 灯全亮、全灭，时间间隔为 0.5。

第 1 行，include 为文件包含命令，注意后面没有分号，其意义是把指定的文件包含到本程序，成为本程序的一部分。被包含的文件通常是由系统提供的，也可以由程序员自己编写，其扩展名为.h。

第 2 行#define uint unsigned int 是一个宏定义命令，注意后面没有分号，#define 命令用它后面的第一个字母组合代替该字母组合后面的所有内容，相当于给原内容重新起一个比较简单的新名称，方便以后在程序中直接写简短的新名称，而不必每次都写复杂的原内容。

第 3 行定义一个延时函数。函数名为 delay，函数的参数为 k，当传递给这个参数不同的值时，可获得不同的延时时间。

第 5 行声明两个无符号整型变量 i、j。C 语言规定，源程序中所有用到的变量都必须先声明后使用，否则会出错。这两个变量用来设置循环次数。

第 6 行和第 8 行是两个 for 循环，主要用来实现延时功能。

第 11 行是 main 主函数，程序运行时从此处开始执行。

第 15 行是 while 循环。功能是让单片机执行一些初始化代码后，直接跳到 while 死循环中，不断在该死循环中执行。

第 18 行和第 20 行是调用 delay(500)延时函数。函数中的参数是 500，即指延时 0.5 秒，具体延时时间的多少可以通过仿真软件进行观察计算。

3.3　数据类型

C 语言主要数据类型包括：整型、实型、字符型、指针型。不同的数据类型，其编译器分配的存储单元不同，如表 1-3-1 所示。

表 1-3-1　数据类型

数据类型	名称	长度	值域
unsigned char	无符号字符型	单字节	0～255
signed char	有符号字符型	单字节	-128～+127
unsigned int	无符号整型	双字节	0～65535
signed int	有符号整型	双字节	-32768～+32767
unsigned long	无符号长整型	4 字节	0～4294967295
signed long	有符号长整型	4 字节	-2147483648～+2147483647
float	浮点型	4 字节	±1.175494E-38～±3.402823E+38
*	指针型	1～3 字节	对象地址

1. 常量

常量在程序的运行过程中是不能被改变的值，为了避免在程序中频繁地写这个数，我们应该将其定义为常量。定义常量有以下两种方法：

（1）用宏来定义。

格式：#define 宏名称 宏值

举例：

```
#defin i 5          // 定义 i 的值为 5，后面在调用 i 时值始终为 5 保持不变
```

（2）用常量关键字 const 来定义。

格式：const 数据类型 常量名 = 常量值

举例：

```
const  float  i = 5;   // 定义 i 的值为 5，后面在调用 i 时值始终为 5 保持不变
```

在编写程序时，unsigned int、unsigned char 是经常用到的，为了书写方便，也可以用宏来定义，例如：

```
#define  uint  unsigned  int
#define  uchar  unsigned  char
```

在以后编写程序时即可灵活地用 uchar 来代替 unsigned char，用 uint 来代替 unsigned int。

2．变量

变量是在程序运行的过程中能任意改变的数，是存储数据值的空间。

格式：[存储类型] 数据类型 [存储器类型] 变量名

举例：

```
int  i=0xff;        //定义 i 为整型变量，i 赋值十六进制数 0xff
float  i,j;         //定义 i、j 为实型变量，值随机而定
```

变量可以分为全局变量和局部变量，例如：

```
char  t;        //定义 t 是全局变量，其作用在整个.c 的文件中有效，但是如果一个函数里已经有一个以 t 命名
                //的变量，则这个全局变量在此函数里无效
```

举例：

```
void   delay (unsigned int k )
{
    unsigned  int  i,j;    //定义 i 与 j 是局部变量，只在该函数体内有效
    for(i=0;i<k;i++)
        {
            for(j=0;j<1140;j++);
        }

}
void   main(void)
{
    char  c;      //定义 c 是全局变量，在整个.c 文件中有效
}
```

在定义变量时，应注意以下几点：

- 允许在一个类型说明符后说明多个相同类型的变量，各变量名之间用逗号间隔，类型说明符与变量名之间至少用一个空格间隔。
- 最后一个变量名之后必须以分号结尾。
- 变量说明必须放在变量使用之前，一般放在函数体的开头部分。
- 标识符只能由字母、数字和下划线三类字符组成，标识符不能是 C 语言的关键字。

3．整型数据

整型数据包括整型常量和整型变量。整型常量就是整型常数，整型变量要用关键字 int 来定义。

举例：

```
Int  i, j;              //定义 i、j 为有符号整型变量
unsigned  int  k;        //定义 k 为无符号整型变量
```

4．长整型数据

长整型数据分为有符号的长整型和无符号的长整型两种类型。使用关键字 long 来定义长整型数据。由于字节比较长，而单片机的内存空间比较小，如果用了 long 会使单片机的运行速度变慢，所以一般情况下不要用长整型数据。

举例：
```
long   i, j;              //定义 i、j 为有符号长整型变量
unsigned   long   k;      //定义 k 为无符号长整型变量
```

5．浮点型数据

浮点型数据是定义一个浮点型的变量或常量，用关键字 float 来定义。同样浮点型数据占用内存比较多，而单片机的空间比较小，如果用了浮点型数据会使单片机的运行速度变慢，所以一般情况下不要用浮点型数据。

举例：
```
float   i,  j;         //定义 i、j 为浮点型变量
```

6．字符型数据

字符型数据包括字符变量和字符常量，使用 char 关键字定义。常用的有两种类型：有符号类型和无符号类型。

举例：
```
signed   char   i;        // 定义 i 为有符号字符型变量
unsigned   char   j;      // 定义 j 为无符号字符型变量
```

7．指针型数据

指针型数据是用于存放变量指针的变量，通常指针变量前面需要加上*号。指针本身就是一个变量，在这个变量中存放着指向另一个数据的地址，指针变量要占据一定的内存单元，因此可以说指针就是一个地址。

举例：
```
int   i;
int   *p;
p=&i;
*p=3;
```

上述程序的功能是定义变量 i，定义指针变量 p，使 p 指向变量 i 的地址，然后对变量 p 所指的指针进行赋值操作，将常数 3 赋值给*p 所指的指针，则变量 i 的值就为 3。

3.4　运算符与表达式

C 语言提供了比较丰富的运算符号，如算术运算符、逻辑运算符以及一些实现特殊功能的特殊运算符等。C 语言的运算符不仅具有不同的优先级，而且还有一个特点，就是它的结合性。表达式是程序的重要组成部分，一般由运算对象、运算符组成。在表达式中，各运算符参与运算的先后顺序要遵守运算符优先级别的规定。C 语言是一种表达式语言，其可读性非常高。在现今的单片机编程当中，C 语言已成为一种主流。

1．运算符的优先级与结合方向

C 语言运算符按照功能可以分为算术运算符、关系运算符、逻辑运算符、位运算符、赋值运算符、复合运算符等。各种运算符的定义及优先级如表 1-3-2 所示。

表 1-3-2 运算符的定义及优先级

优先级	运算符	功能	结合方向
1（最高）	()	改变优先级	从左至右
	[]	数组下标	
	—>	指向结构成员	
	.	结构体成员	
2	++ --	自增 1 自减 1	从右至左
	&	取地址	
	*	取内容	
	!	逻辑取反	
	~	按位取反	
	+ -	正数 负数	
	()	强制类型转换	
	sizeof	计算内存字节数	
3	* / %	乘法 除法 求余	从左至右
4	+ -	加法 减法	
5	<< >>	左移位 右移位	
6	< <= > >=	小于 小于等于 大于 大于等于	
7	== !=	等于 不等于	
8	&	按位与	
9	^	按位异或	
10	|	按位或	
11	&&	逻辑与	
12	||	逻辑或	
13	?:	条件运算符	从右至左
14	= += -= *= /= %= &= ^= |= <<= >>=	复合赋值运算符	从右至左
15（最低）	,	逗号运算符	从左至右

从表 1-3-2 可知，C 语言中运算符的运算优先级共分为 15 级。1 级最高，15 级最低。在表达式中，优先级较高的要比优先级较低的先进行运算。而在一个运算量两侧的运算符优先级相同时，则按运算符的结合性所规定的结合方向处理。C 语言中各运算符的结合性分为两种，即左结合性（自左至右）和右结合性（自右至左）。

C 语言运算符当中有不少为右结合性，在写程序的时候应注意加以区别，以避免造成不必要的错误。另外在 C 语言中规定，在表达式后面加一个分号就成为了表达式语句，如果在表达式的后面少了一个分号，那么在系统编绎时就会把错误指向下一行的程序语句。同样，在程序中加入了全角符号，也会造成编绎错误。

2. 算术运算符及其表达式

C 语言提供了丰富的运算符号，这些运算符号为编写程序提供了方便，可以精简程序代码，提高程序执行效率。表达式是程序的重要组成部分，一般由运算对象、运算符组成。运算对象一般包括常量、变量、函数和表达式。C 语言提供了 7 种算术运算符，如表 1-3-3 所示。

表 1-3-3　算术运算符

符号	功能
+	加
-	减
*	乘
/	除
%	求余（或称求模运算）
++	自增 1
--	自减 1

- 加法运算符，至少应有两个量参与加法运算。
  举例：a+b、a-b。
- 减法运算符，至少应有两个量参与减法运算。
  举例：b-a、a-b、-1-4。
- 乘法运算符，至少应有两个量参与乘法运算。
  举例：3*4、a*6。
- 除法运算符，参与运算量均为整型数时，结果也为整型，舍去小数部分。
  举例：8/2=4、9/2=4。
- 求余运算符，求余运算的值为两数相除后的余数。
  举例：8%3 的值为 2。
- 自增 1 运算符，其功能是使变量的值自增 1。
  举例：++i 的意思是：i 自增 1 后再参与运算。若 i=4，则执行 a=++i 时，先使 i 加 1，即 i=i+1=5，再引用其结果，即 a=5。运算结果为 i=5、a=5。i++ 的意思是：i 参与运算后，i 的值再自增 1。若 i=4，则执行 a=i++ 时，先把 i 的值给 a，即 a=4，然后 i 加 1，即 i=i+1=5，运算结果为 i=5、a=4。
- 自减 1 运算符，其功能是使变量的值自减 1。
  举例：--i 的意思是：i 自减 1 后再参与运算；i-- 的意思是：i 参与运算后，i 的值再自减 1。

3. 关系运算符及其表达式

关系表达式又称为比较运算，C 语言提供了 6 种关系运算符，如表 1-3-4 所示。

表 1-3-4　关系运算符

符号	功能
>	大于
<	小于

续表

符号	功能
==	等于
>=	大于等于
<=	小于等于
!=	不等于

当两个表达式用关系运算符连接起来时就成为了关系表达式，通常关系运算符是用来判别某个条件是否成立。

- 当条件成立时，运算的结果为真。
- 当条件不成立时，运算的结果为假。

用关系运算符来运算的结果只有"0"和"1"两种。相对来讲关系运算符是最为容易理解的。举例：

```
unsigned char i,j,k;
i=4;j=8;
k=(4<8)    // 因为 4 小于 8，4<8 条件成立，所以 k=1
k=(4>8)    // 因为 4 小于 8，4>8 条件不成立，所以 k=0
k=(4==8)   // 因为 4 小于 8，4==8 条件不成立，所以 k=0
```

4. 逻辑运算符及其表达式

逻辑运算符通常用于逻辑运算，C 语言提供了 3 种逻辑运算符，如表 1-3-5 所示。

表 1-3-5 逻辑运算符

符号	功能
&&	逻辑与
||	逻辑或
!	逻辑非

用逻辑运算符将关系表达式或逻辑量连接起来就是逻辑表达式。

- 逻辑与：条件式 1&&条件式 2，两个条件为真时运算结果为真，否则为假。
- 逻辑或：条件式 1 \|\| 条件式 2，两条表达式任其一为真时运算结果为真，当两者同时为假时结果为假。
- 逻辑非：! 条件式，把当前的结果取反，作为最终的运算结果，若原先为假，则逻辑非以后为真；若原先为真，则逻辑非以后为假。

5. 位操作运算符及其表达式

按位操作运算符是按位逐位进行的逻辑运算，按位操作运算符连接的表达式即为位逻辑表达式。C 语言提供了 6 种位操作运算符，如表 1-3-6 所示。

表 1-3-6 位操作运算符

符号	功能
&	按位逻辑与
|	按位逻辑或
~	按位逻辑非

符号	功能
^	异或运算
<<	按位左移
>>	按位右移

表 1-3-7 所示是位逻辑运算符的真值表，其中 a 是变量 1，b 是变量 2。

表 1-3-7　位逻辑运算符的真值表

a	b	~a	~b	a&b	a|b	a^b
0	0	1	1	0	0	0
0	1	1	0	0	1	1
1	0	0	1	0	1	1
1	1	0	0	1	1	0

- 按位逻辑与，如 a=a&0x0f，则将变量 a 的高 4 位强制变为 0。
- 按位逻辑或，如 a=a|0x0f，则将变量 a 的低 4 位强制变为 1。
- 按位逻辑非，如 a=a~，则将变量 a 每一位取反。
- 异或运算，如 a=0x0f，a=a^0xff，则将 a 的高 4 位强制变为 1，低 4 位强制变为 0。
- 位运算符中的左移（<<）意思是把变量 a 的二进制位左移变量 b 指定的位数，其左边移出的位数丢弃。如 unsigned char a=0x21，声明 a 为无符号数（二进制为 0010 0001），a<<2 进行左移后的值为 a=0x84（二制进为 1000 0100）。
- 位运算符中的右移（>>）意思是把变量 a 的二进制位右移变量 b 指定的位数。其右边移出的位数丢弃。如 unsigned char b=0x84，声明 b 为有符号数（二进制为 1000 0100），b>>4 进行右移后的值为 b=0x08（二制进为 0000 1000）。

6. 赋值运算符及其表达式

在赋值运算符中，还有一类 C 语言独有的复合赋值运算符。它们实际上是一种缩写形式，使得对变量的改变更为简洁。C 语言提供了 11 种赋值运算符，如表 1-3-8 所示。

表 1-3-8　赋值运算符

符号	功能	分类
=	赋值	简单赋值
+=	加法赋值	复合算术赋值
-=	减法赋值	
*=	乘法赋值	
/=	除法赋值	
%=	取余赋值	
&=	逻辑与赋值	复合位运算赋值
|=	逻辑或赋值	
^=	逻辑异或赋值	
>>=	右移赋值	
<<=	左移赋值	

（1）简单赋值运算符。简单赋值运算符记为"="，这不是简单"等于"的意思，由"="连接的式子称为赋值表达式。其一般语法格式为：变量=表达式。

举例说明：

```
x=a+b;    // 将 a+b 的值赋给 x
```

如果在运算的表达式中，赋值运算符两边的数据类型不相同，系统将自动进行类型转换。即把赋值号右边的类型转换成左边的类型。

（2）复合赋值运算符。其构成合法的复合赋值表达式为：变量 双目运算符=表达式。

举例：

```
i+=3;    // 表达式相当于 i=i+3
```

一般来说，当表达式作为函数的返回值时，函数就会被调用两次，而且要是使用普通的赋值运算符，也会加大程序的开销，降低编写效率。但是上述写法对初学者而言可能不习惯，但却十分有利于编译器处理，能提高编译效率并产生质量较高的目标代码。

7. 其他运算符与表达式

表 1-3-9   其他运算符名称及作用

符号	名称及作用
?:	条件运算符，用于条件求值运算
,	逗号运算符，用于把若干表达式组合成一个表达式
*	指针运算符，用于取内容运算
&	指针运算符，用于取地址运算
sizeof	求字节数运算符，用于计算数据类型所占的字节数
()	圆括号运算符
[]	下标运算符
->	指向结构体成员运算符
.	结构体成员运算符

C 语言中逗号（,）也是一种运算符，称为逗号运算符。其功能是把两个表达式连接起来组成一个表达式，称为逗号表达式。其合法的表达形式为：表达式 1,表达式 2,表达式 3,…，表达式 n。在程序运行时，从左到右算出整个表达式的值，而整个表达式的值就是最右边表达式 n 的值。

"?:"是一个三目运算，功能是把三个表达式连接起来成为一个表达式，合法的表达式形式为：逻辑表达式? 表达式 1:表达式 2。条件运算符的作用简单来说就是根据逻辑表达式的值来选择使用哪个表达式的值。当逻辑表达式的值为真（非 0 值）时，整个表达式的值为表达式 1 的值；当逻辑表达式的值为假（0 值）时，整个表达式的值为表达式 2 的值。

举例：如有 i=2, j=3，在程序当中比较两个值的大小，把最小的值放入 a 中，程序可以这样写：

```
if(i<j)
    a=i;
else
    a=j;
```

这段程序目的是：假如 i<j，就把 i 的值赋给 a，否则就把 j 的值赋给 a。

上面的一段程序可以用条件运算符来代替：a=(i<j)? i:j

从上面的条件运算符可以看出，程序变得较为简洁，同时也变得较难读懂，建议初学者少用。

3.5　程序语句

1. 选择执行结构语句

C 语言提供两种选择执行语句：if 语句和 switch 语句，前者用于选择分支条件比较少的情况，后者用于选择分支条件较多的情况。

（1）if 语句。

if 语句有三种结构形式。

● 语法格式一

```
if(条件表达式)
{
    语句
}
```

程序的执行过程为：若条件表达式成立，则执行完花括号里面的语句再往下执行，否则就跳过花括号里面的语句而继续往下执行。

举例：

```
if(k<100)
{
    k++;
}
```

这条语句的意思是，先判断 k 的值是否小于 100，若小于 100 则使变量 k 自增 1。

● 语法格式二

```
if(条件表达式)
{
    语句 1
}
else
{
    语句 2
}
```

程序的执行过程为：若条件表达式成立，则执行语句 1，否则执行语句 2。

举例：

```
if(k<100)
{
    k++;
}
else
{
    k=0;
}
```

这条语句的意思是，如果 k 的值小于 100，则执行 if 后面的语句 1，k 加 1；如果 k 值记满 100，则 k 复位清零，从 0 开始重新计数。

● 语法格式三

```
if(条件表达式 1)
{
    语句 1
}
```

```
else if(条件表达式 2)
{
    语句 2
}
else if(条件表达式 3)
{
    语句 3
}
else
{
    语句 4
}
```

程序的执行过程为：程序运行时从上而下地对条件表达式进行判断，如果条件表达式成立，则执行相应的语句。当以上的表达式都不成立时，则执行 else 相应的语句。

举例：

```
if(a==0){b=b+2;}
else if(a==1){b=b+3;}
else if(a==2){b=b+4;}
else{b=b+5;}
```

如果 a 的值为 0 条件成立，则 b 的值为 b 加 2；如果 a 的值为 1 条件成立，则 b 的值为 b 加 3；如果 a 的值为 2 条件成立，则 b 的值为 b 加 4；当以上条件均不成立时，则 b 的值为 b 加 5。

（2）switch 语句。

switch 是多分支选择语句，又称为开关语句。

语法格式：

```
switch(表达式)
{
    case 常量表达式 1:语句 1
    case 常量表达式 2:语句 2
    case 常量表达式 3:语句 3
    …
    case 常量表达式 n:语句 n
    default:语句 n+1
}
```

switch 是按照顺序执行的程序结构，首先判断第 1 条 case 语句，如果满足条件则执行语句 1，如果语句 1 后面没有结束语句 break，则接着判断第 2 条 case 语句，一直到 default 语句为止。如果在每条语句的后面加上一条结束语句，则在判断满足该条件并执行后面的语句之后跳出 switch 判断结构，执行 switch 后面的程序语句。

举例：

```
switch(key)
{
    case k1:led(1,0x3f);
    break;
    case k2:led(2,0x26);
    break;
    case k3: led(1,0x5b);
    break;
    default:break;
}
```

switch 语句判断 key 的值，如果等于 k1，则执行 k1 对应的语句；如果等于 k2，则执行 k2 对应的语句；如果等于 k3，则执行 k3 对应的语句；如果不等于 k1、k2、k3 中的任何一个，则执行 default 语句，直接跳出 switch 结构。

2. 循环执行语句

（1）for 循环结构。

for 循环是 C 语言中最灵活的循环结构。

语法格式：

```
for(表达式1;表达式2;表达式3)
{
    循环体语句
}
```

在 for 语句中有三个表达式，其中每个表达式在语法中担任不同的角色：

表达式 1：初始设定表达式。

表达式 2：循环条件表达式。

表达式 3：更新表达式。

for 语句可以理解为，初始设定表达式总是一个赋值语句，它用来给循环控制变量赋初值，循环条件表达式是一个关系表达式，它决定何种情况退出循环；更新表达式是按每循环一次后对初始设定表达式的变量值进行更新，当更新后的值使循环条件表达式不成立时，则退出循环语句继续往下执行。每个部分之间用 “;” 分开。

举例：

```
A1=0xfe;
for(k=0;k<8;k++)
{
    A1=A1<<1;
}
```

本程序是顺次点亮 led 管实验的一个小程序。程序中，led 数码管如果采用共阳极接法，程序第一行相当于点亮第一只 led 管，然后就进入了循环语句，分析如下：

①将 k 赋予初值 0。

②计算 k<8 的条件是否成立。若 k<8 条件成立，则进入 for 循环体，执行 “A<<=1;” 这条语句；若 k<8 条件不成立，则不进入 for 循环体语句，继续往下执行。

③计算 k++。

④转回第②步继续执行。

⑤循环结束，执行 for 语句下面的语句。

本程序是 for 语句的一个典型用法，但是在实际应用中 for 语句是一个非常灵活的结构性语句，因为 for 语句里面的 “初始设定表达式”、“循环条件表达式” 和 “更新表达式” 是可选择项，在后面的学习中会深入探讨。

（2）while 循环结构。

语法格式：

```
while(条件表达式)
{
    循环语句
}
```

程序的执行过程是：若表达式的条件成立，则执行循环体语句；若表达式的条件不成立，则跳过循环体语句继续往下执行。

举例：

```
While(k<100)
{
    k--;
}
```

利用 while 语句可以实现与 for 语句完全相同的循环功能，在执行 while 循环语句之前先让 k 赋予一个初值，在 while 中判断 k<100 的条件是否成立，当条件成立时进入循环体，否则就跳过循环体继续往下执行。这是用 while 语句实现的延时程序。

（3）do…while 循环结构。

语法格式：

```
do
{
    循环体语句
}
while(条件表达式);
```

do…while 语句同样可以实现循环功能，但是与 while 循环的不同之处在于：do…while 先执行一次循环体中的语句，然后再判断条件表达式是否成立，若成立，则继续循环；若不成立，则退出循环。

举例：

```
delay(k)
{
    unsigned char i;
    i=k;
    do
    {
        i--;
    }
    while(!i)
}
```

上面程序的意思是，i 自减 1 后判断 i 的值是否为 0，如果不为 0，则继续执行 i 的自减操作，直到 i 的值等于 0 为止。

（4）break 语句。

在 switch 语句中提及了 break 语句，其实这是一条终止循环语句，如果没有 break 语句，那么 switch 语句就永远地循环下去。而在循环控制语句当中，break 起到提前结束循环的作用。在循环语句中，break 语句常与 if 语句结合使用。

举例：

```
for(k=0;k<80;k++)
{
    if(k==30)
    break;
    printf("%d\n",k);
}
```

程序当中本来 printf 应该输出 80 个值，但是里面出现了一个 if 语句，意思是：假如 k 的值为 30 的条件成立，则退出循环体，那就提前结束了循环。在使用 break 前要注意两点，第一点：break 在 else if 语句中不起作用；第二点：当有多层循环语句嵌套的时候，break 语句只退出本层循环。

（5）continue 语句。

continue 语句只用在循环控制语句当中，作用是跳过本次循环，继续进行下一次循环。continue 语句同样常与 if 语句结合使用。

举例：

```
for(k=0;k<12;k++)
{
    if(k%2==0)
    continue;
    printf("%d\n",k);
}
```

程序当中本来应该进行 10 次循环，从而输出 0～11 共 12 个数。但是程序中出现了一句"continue;"，本程序何时执行"continue;"语句呢？就是当 k 除以 2 的余数为 0 时，则跳过本次的循环。本程序最后输出的值为 1、3、5、7、9、11。

3．预处理指令

预处理指令不编译成对应的语句代码，也不占用存储空间，当编译程序时，它做的第一件事是进行预处理。该阶段中，编译器读入头文件、决定编译哪些行的源代码并执行文本替换。预处理阶段的优越性在于它在编译及运行之前执行了某些特定的操作，这些操作并不添加额外的程序执行时间，同时这些命令也不与程序运行时所发出的任何指令相对应。所以，在使用预处理指令时就需要兼顾实际的运行情况。正确利用预处理指令，可以进行条件编译，使得程序移植更为方便和快捷。

（1）define 语句。

define 语句通常用来定义简洁的符号或者字符。

语法格式：

#define A B

举例：

#define PORTA　　　(*(volatile unsigned char *)0x3B)

该语句定义用 PORTA 符号表示数据存储器的 0x3B 单元，编写程序时可以直接使用 PORTA 符号进行寄存器操作。

（2）include 语句。

这是一条文件包含语句，它能够告诉我们编译器文件所在的位置。

语法格式：

#include A

举例：

#include <iom6v.h>

这条语句可以使编译器直接到默认的 include 目录中寻 iom16v 头文件。头文件是 C 语言的一种声明文件，通常在文件中定义全局的符号、变量及其他声明内容。只有使用头文件后，C 语言的语句才可以直接引用这些内容，否则编译器会出错误。

3.6　数组与函数

C 语言规定把具有相同数据类型的若干变量按有序的形式组织起来称为数组。在数组中的每一个成员称为数组元素。其中按数组元素类型的不同可以分为数值数组、字符数组、指针数组、结构数组。

1. 数组

（1）一维数组。

语法格式：

类型说明符 数组名[常量表达式]

举例：

unsigned char tab[4];

unsigned char 为类型说明符，tab 为数组名，4 为常量表达式。那么本程序的含义就是定义了一个名为 tab、数据类型为 unsigned char 的数组，其中数组含有 4 个元素，分别为 tab[0]、tab [1]、tab [2]、tab [3]，而每一个数组元素的类型都为 unsigned char。注意，数组的元素是从 0 开始的，而不是从 1 开始的，即第 4 个元素为 tab [3]而不是 tab [4]；而且数组名不能与变量名相同。

在定义数组的同时还可以对他们进行赋初始值操作。

举例：

unsigned char tab[4]={0xfd,0x61,0xdb,0xf3};

本程序定义了一个数组，同时给这个数组中的变量赋了值，tab[0]=0xfd、tab[1]=0x61、tab[2]=0xdb、tab[3]=0xf3。

（2）二维数组。

语法格式：

类型说明符 数组名[常量表达式 1] [常量表达式 2]

在上面的语法格式当中，常量表达式 1 表示第一维下标的长度，常量表达式 2 表示第二维下标的长度。

举例：

unsigned char tab [3][4];

本程序定义了一个 3 行 4 列、数组名为 tab、类型为 unsigned char 的数组。该数组的下标变量共有 3×4 个，即：tab [0][0]，tab [0][1]，tab [0][2]，tab [0][3]，tab [1][0]，tab [1][1]，tab [1][2]，tab [1][3]，tab [2][0]，tab [2][1]，tab [2][2]，tab [2][3]。

二维数组在概念上是二维的，也就是说其下标在两个方向上变化，下标变量在数组中的位置也处于一个平面之中，而不是像一维数组只是一个向量。但是，实际的硬件存储器却是连续编址的，也就是说存储器单元是按一维线性排列的。在一维存储器中存放二维数组是按行排列，即放完一行之后顺次放入第二行。如上面定义的二维数组即先存放 tab [0]行，再存放 tab [1]行，最后存放 tab [2]行。每行中有 4 个元素，也是依次存放。

2. 函数

函数是 C 语言中比较重要的概念，一个实用的 C 语言程序总是由多个不同的函数来构成，其中每一个函数扮演不同功能的角色。但是，无论一个 C 语言程序当中有多少个函数，程序总是从 main 函数开始执行。而在 C 语言当中函数可以分为两类：一类为库函数（又称为标准库函数）；另一类为用户自定义函数。

（1）函数的定义。

标准库函数是系统设计者事先已经将其存放在函数库当中，只要了解函数的头文件与函数的功能就可以直接调用它，而且库函数是面对所有用户的，不能满足每一个用户的特殊功能要求，所以在本节当中我们只讨论用户自定义函数。

无参数函数定义的语法格式：

```
返回类型标识符  函数名()
{
    声明部分
    程序语句
}
```

返回类型标识符是当函数被调用之后所返回的数据类型，这与前面所讲的数据类型是相同的。但是如果不需要返回任何数值时可以写为 void，表示无类型数据。函数名是由用户自定义的，而后面必须跟一个"()"，如果是无参数函数，常在括号内写入 void，表明是无参数的传递。返回类型标识符与函数名称为函数头，函数头的下方必定跟一个"{}"。"{}"里面就是声明部分与程序语句。大家要注意，声明部分指的是在当前函数体内所用到的一些变量，声明部分一定要在程序语句之前，否则就会出现语法错误。

举例：

```
void delay(void)
{
    unsigned int i;
    for(i=0;i<100;i++)
}
```

本程序中没有参数的传递，变量 i 自加 1，直到 99 为止，这就是一个无参数函数的定义。

有参数函数定义的语法格式：

```
返回类型标识符  函数名(形式参数)
{
    声明部分
    程序语句
}
```

有参数函数的定义与无参数函数的定义大致是相同的，区别在于无参数函数由于没有数据的传递，所以在"()"里可以写入关键字 void，而有参数函数因为有数据的传递，"()"里应为数据的类型与所声明的变量，简称形式参数。其实返回类型标识符与形式参数的理解可以是一致的，只不过形式参数就是主调用函数传递给被调用函数的数值，而返回类型标识符就是被调用函数传递给主调用函数的数值。

举例：

```
delay(unsigned int m)
{
    unsigned int i,j;
    for(i=0;i<m;i++)
    {
        for(j=0;j<1140;j++);
    }
}
```

这就是一个有参数的函数，其中返回类型标识符与形式参数的数据类型都是 unsigned int 类型，m 是 delay 函数定义时的参数，其值不能确定，是形式参数，需要在调用时传递，若是加上 delay(100)，此处的 100 就是函数调用执行的实际参数，数值传递给变量 m。

（2）函数的参数与返回值。

在 C 语言当中函数的调用是经常用到的，主调用函数与被调用函数之间有数据传递的关系。数据的传递是双方面的，一定要有一个发送者与一个接收者才能实现。其中实参就扮演了发送者的角色，实参出现在主调用函数中，离开了主调用函数实参就不能使用；而形参就扮演了接收者的角色，形参要在被调用函数内定义，此定义的形参只在该函数中有效，离开了该函数则不能使用。

对于实参与形参的特点有以下几点补充：

- 实参与形参在类型、数量、顺序上应保持一致，否则会在编绎时出现警告或者程序运行的结果错误。
- 函数的形参只有被调用的时候才会被分配内存空间，退出函数之后，所分配的内存单元立即被释放。所以退出函数之后形参就不能再使用。
- 实参在调用前一定要有确定的值，因此在函数调用前必须先赋予实参一个确定的值。

函数的返回值同前面讲的函数参数可以看作是同一个概念，只是传送的方向对调。由被调用函数扮演发送者，而主调用函数扮演接收者。

语法格式：

```
return  表达式;
```

例如：

```
return a;
```

或者

```
return i+j;
```

以上的返回语句都是合法的。

（3）函数的调用。

函数声明、定义之后便可以被调用，函数中的语句得以被执行。

函数调用的语法格式：

```
函数名(实际参数表);
```

其中实际参数可以是变量、常量表达式或函数等，但是如果被调用函数是无参数的，那么可以省略实际参数表。

举例：

```
#include <iom16v.h>
void main(void)              //主函数
{
    DDRC=0xff;
    PORTC=0xff;
    while(1)
    {
        PORTC=0xff;
        Delay(100);          //调用函数
        PORTC=0x00;
        Delay(100);          //调用函数
    }
}
void Delay(unsigned int m)   //定义 Delay 函数
{
    unsigned int a,b,c;
    for(a=1;a<m;a++)
    {
        for(b=1;b<100;b++)
        {
            for(c=1;c<100;c++);
        }
    }
}
```

前面介绍了函数调用的语法格式和调用方式，但是在一个函数调用另一个函数之前，必须满足以下条件：

- 所调用的函数必须是已经被定义的函数。
- 如果所调用的函数是一个库函数或者不在同一个文件的函数，那么一定要利用#include 命令进行文件包含，把相应的头文件包含到当前文件中来。在系统编绎时就会把头文件的函数调到源程序当中，从而产生代码。
- 关于函数的原型。如果主调用函数定义在被调用函数之前，那么在主调用函数调用被调用函数之前应作函数原型的声明。

最后我们来讨论关于 AVR 单片机的中断。C 语言是描述系统时出现的，与硬件无关，而单片机中断是由硬件操作的，所以 ICCAVR 定义了与中断相关的中断函数供用户调用。AVR 单片机每一个中断资源对应一个中断入口地址，如表 1-3-10 所示。

表 1-3-10　AVR 单片机的中断

向量名称	向量号	中断定义
RESET	1	外部引脚，上电复位，掉电检测复位，看门狗复位
INT0_vect	2	外部中断 0
INT1_vect	3	外部中断 1
TIMER2_COMP_vect	4	定时器/计数器 2 比较匹配
TIMER2_OVF_vect	5	定时器/计数器 2 溢出中断
TIMER1_CAPT_vect	6	定时器/计数器 1 捕获中断
TIMER1_COMPA_vect	7	定时器/计数器 1 比较匹配 A
TIMER1_COMPB_vect	8	定时器/计数器 1 比较匹配 B
TIMER1_OVF_vect	9	定时器/计数器 1 溢出中断
TIMER0_OVF_vect	10	定时器/计数器 0 溢出中断
SPI_STC_vect	11	SPI 传送完成中断
USART_RXC_vect	12	UART 发送完成中断
USART_UDRE_vect	13	UART 数据寄存器空中断
USART_TXC_vect	14	UART 发送完成中断
ADC_vect	15	ADC 转换完成中断
EE_RDY_vect	16	EEPROM 准备好中断
ANA_COMP_vect	17	比较中断
TWI_vect	18	TWI 中断
SPM_RDY_vect	19	程序存储器准备好中断

下面以外部中断 0 为例介绍 ICCAVR 中断函数的操作。在源程序当中声明一个中断函数有两种方式，以外部中断 0 为例。

方式一：

```
INTERRUPT(INT0_vect)
{
```

```
        中断函数内容；
    }
```

方式二：

```
SIGNAL(INT0_vect)
{
    中断函数内容；
}
```

以上两种定义方式的区别在于，前者在执行中断服务程序时，全局中断使能位有效，还可以响应其他优先级高的中断请求，即支持中断嵌套；而后者在执行中断服务程序时将关闭全局中断使能位，不能响应其他中断。

（4）内部函数与外部函数。

定义一个函数，如果只允许当前文件访问或者调用，则称此函数为内部函数或静态函数。

语法格式：

```
函数存储类型    函数返回类型    函数名(函数参数声明)
```

举例：

```
static int delay(int k);
```

定义一个内部函数 delay，函数返回类型为整型，带有形参 k。内部调用关键字定义其函数存储类型。

定义一个函数，如果除了本文件可以访问或者调用外，其他文件也可以访问或者调用，则此函数称为外部函数，在需要定义和调用的文件中使用关键字 extern 声明其函数存储类型。

举例：

```
extern delay (int k);
```

定义一个外部或者其他文件的函数 delay，返回类型为整型，形参类型为整型。如果前面函数省略了关键字 extern，函数也默认为外部函数。

第二部分

任务篇

任务 1
ATmega16 单片机 I/O 端口应用

1.1 任务要求

1. 闪烁灯

设计制作一个 8 位 LED 闪烁灯，要求如下：

- PA0、PA1 口为输入口，分别接一个开关。
- PC 口为输出口，接 8 只 LED。
- PA0 开关断开且 PA1 开关闭合时，PC 口所接的 D2、D4、D6、D8 点亮。
- PA0 开关闭合且 PA1 开关断开时，PC 口所接的 D1、D3、D5、D7 点亮。
- LED 阳极接 I/O 口，阴极接地。

2. 流水灯

设计制作一个 8 位 LED 流水灯，要求如下：

- PC 口为输出口，接 8 只 LED。
- 运行程序后，8 只 LED 依次从上到下点亮，时间间隔 1 秒，形成流水效果。
- LED 阳极接 I/O 口，阴极接地。

1.2 相关知识

1.2.1 I/O 端口介绍

作为通用数字 I/O 使用时，所有 AVRI/O 端口都具有真正的读－修改－写功能。这意味着用 SBI 或 CBI 指令改变某些管脚的方向（或者是端口电平、禁止/使能上拉电阻）时不会无意地改变其他管脚的方向（或者是端口电平、禁止/使能上拉电阻）。输出缓冲器具有对称的驱动能力，可以输出或吸收大电流，直接驱动 LED。所有的端口引脚都具有与电压无关的上拉电阻，并有保护二极管与 V_{CC} 和地相连。

这里所有的寄存器和位以通用格式表示：小写的"x"表示端口的序号，小写的"n"代表位的序号。但是在程序里要写完整。例如，PORTB3 表示端口 B 的第 3 位，而本节的通用格式为 PORTxn。每个端口都有三个 I/O 存储器地址：数据寄存器（PORTx）、数据方向寄存器（DDRx）和端口输入引脚（PINx）。数据寄存器和数据方向寄存器为读/写寄存器，而端口输入引脚为只读寄存器。但是需要特别注意的是，对 PINx 寄存器某一位写入逻辑"1"将造成数据寄存器相应位的数据发生"0"与"1"的交替变化。当寄存器 MCUCR 的上拉禁止位 PUD 置位时，所有端口引脚的上拉电阻都被禁止。多数端口引脚是与第二功能复用的，使能某些引脚的第二功能不会影响其他属于同一端口的引脚用于通用数字 I/O 的目的。

1.2.2 作为通用数字 I/O 的端口

端口为具有可选上拉电阻的双向 I/O 端口。

1. 配置引脚

每个端口引脚都具有三个寄存器位：DDxn、PORTxn 和 PINxn，DDxn 位于 DDRx 寄存器，PORTxn 位于 PORTx 寄存器，PINxn 位于 PINx 寄存器。

DDxn 用来选择引脚的方向。DDxn 为"1"时，Pxn 配置为输出，否则配置为输入。

引脚配置为输入时，若 PORTxn 为"1"，上拉电阻将使能。如果需要关闭这个上拉电阻，可以将 PORTxn 清零，或者将这个引脚配置为输出。

端口引脚配置如表 2-1-1 所示。

表 2-1-1　端口的引脚配置

DDxn	PORTxn	PUD(in SFIOR)	I/O	上拉电阻	说明
0	0	x	Input	No	高阻态（Hi-Z）
0	1	0	Input	Yes	被外部电路拉低时将输出电流
0	1	1	Input	No	高阻态（Hi-Z）
1	0	x	Output	No	输出低电平（吸收电流）
1	1	x	Output	No	输出高电平（输出电流）

复位时各引脚为高阻态，即使此时并没有时钟在运行。

当引脚配置为输出时，若 PORTxn 为"1"，引脚输出高电平（1），否则输出低电平（0）。在（高阻态）三态（{DDxn, PORTxn} = 0b00）输出高电平（{DDxn, PORTxn} = 0b11）两种状态之间进行切换时，上拉电阻使能（{DDxn,PORTxn} = 0b01）或输出低电平（{DDxn,PORTxn} = 0b10），这两种模式必然会有一个发生。通常，上拉电阻使能是完全可以接受的，因为高阻环境不在意是强高电平输出还是上拉输出。如果使用情况不是这样，可以通过置位 SFIOR 寄存器的 PUD 来禁止所有端口的上拉电阻。在上拉输入和输出低电平之间切换也有同样的问题。用户必须选择高阻态（{DDxn, PORTxn} = 0b00）或输出高电平（{DDxn, PORTxn} = 0b10）作为中间步骤。

2. 读取引脚上的数据

不论如何配置 DDxn，都可以通过读取 PINxn 寄存器来获得引脚电平。PINxn 寄存器的各个位与其前面的锁存器组成了一个同步器。这样就可以避免在内部时钟状态发生改变的短时间范围内由于引脚电平变化而造成的信号不稳定。其缺点是引入了延迟。

3. 数字输入使能和休眠模式

数字输入信号（施密特触发器的输入）可以钳位到地。SLEEP 信号由 MCU 休眠控制器在各种掉电模式、省电模式、Standby 模式下设置，以防止在输入悬空或模拟输入电平接近 $V_{CC}/2$ 时消耗太多的电流。引脚作为外部中断输入时 SLEEP 信号无效。但若外部中断没有使能，SLEEP 信号仍然有效。引脚的第二功能使能时 SLEEP 也让位于第二功能。如果逻辑高电平（1）出现在一个被设置为"上升沿、下降沿或任何逻辑电平变化都引起中断"的外部异步中断引脚上，即使该外部中断未被使能，但从上述休眠模式唤醒时，相应的外部中断标志位仍会被置"1"。这是因为引脚电平在休眠模式下被钳位到"0"电平，唤醒过程造成了引脚电平从"0"到"1"的变化。

4. 未连接引脚的处理

如果有引脚未被使用，建议给这些引脚赋予一个确定电平。虽然如上文所述，在深层休眠模式下大多数数字输入被禁用，但还是需要避免因引脚没有确定的电平而造成悬空引脚在其他数字输入使能模式（复位、工作模式、空闲模式）消耗电流。最简单的保证未用引脚具有确定电平的方法是使能内部上拉电阻。但要注意的是复位时上拉电阻将被禁用。如果复位时的功耗也有严格要求，则建议使用外部上拉或下拉电阻。不推荐直接将未用引脚与 V_{CC} 或 GND 连接，因为这样可能会在引脚偶然作为输出时出现冲击电流。

1.2.3 端口的第二功能

AVR 单片机除了通用数字 I/O 功能之外，大多数端口引脚都具有第二功能。

1. 特殊功能 I/O 寄存器 SFIOR

定义如下：

Bit	7	6	5	4	3	2	1	0	
	ADTS2	ADTS1	ADTS0	—	ACME	PUD	PSR2	PSR10	SFIOR
读/写	R/W	R/W	R/W	R	R/W	R/W	R/W	R/W	
初始值	0	0	0	0	0	0	0	0	

Bit 2 – PUD：禁用上拉电阻。

置位时，即使将寄存器 DDxn 和 PORTxn 配置为使能上拉电阻（{DDxn, PORTxn} =0b01），I/O 端口的上拉电阻也被禁止。

2. 端口 A 的第二功能

端口 A 作为 ADC 模拟输入的第二功能如表 2-1-2 所示。如果端口 A 的部分引脚置为输出，当转换时不能切换，否则会影响转换结果。

表 2-1-2 端口 A 的第二功能

端口引脚	第二功能
PA7	ADC7
PA6	ADC6
PA5	ADC5
PA4	ADC4

续表

端口引脚	第二功能
PA3	ADC3
PA2	ADC2
PA1	ADC1
PA0	ADC0

3. 端口 B 的第二功能

端口 B 的第二功能如表 2-1-3 所示。

表 2-1-3　端口 B 的第二功能

端口引脚	第二功能
PB7	SCK（SPI 总线的串行时钟）
PB6	MISO（SPI 总线的主机输入/从机输出信号）
PB5	MOSI（SPI 总线的主机输出/从机输入信号）
PB4	SS（SPI 从机选择引脚）
PB3	AIN1（模拟比较负输入） OC0（T/C0 输出比较匹配输出）
PB2	AIN0（模拟比较正输入） INT2（外部中断 2 输入）
PB1	T1（T/C1 外部计数器输入）
PB0	T0（T/C0 外部计数器输入） XCK（USART 外部时钟输入/输出）

● SCK–端口 B，Bit 7

SCK：SPI 通道的主机时钟输出、从机时钟输入端口。工作于从机模式时，不论 DDB7 设置如何，这个引脚都将设置为输入。工作于主机模式时，这个引脚的数据方向由 DDB7 控制。设置为输入后，上拉电阻由 PORTB7 控制。

● MISO–端口 B，Bit 6

MISO：SPI 通道的主机数据输入、从机数据输出端口。工作于主机模式时，不论 DDB6 设置如何，这个引脚都将设置为输入。工作于从机模式时，这个引脚的数据方向由 DDB6 控制。设置为输入后，上拉电阻由 PORTB6 控制。

● MOSI–端口 B，Bit 5

MOSI：SPI 通道的主机数据输出、从机数据输入端口。工作于从机模式时，不论 DDB5 设置如何，这个引脚都将设置为输入。当工作于主机模式时，这个引脚的数据方向由 DDB5 控制。设置为输入后，上拉电阻由 PORTB5 控制。

● SS–端口 B，Bit 4

SS：从机选择输入。工作于从机模式时，不论 DDB4 设置如何，这个引脚都将设置为输入。当此引脚为低时 SPI 被激活。工作于主机模式时，这个引脚的数据方向由 DDB4 控制。设置为输入后，上拉电阻由 PORTB4 控制。

- AIN1/OC0–端口 B，Bit 3

AIN1：模拟比较负输入。配置该引脚为输入时，切断内部上拉电阻，防止数字端口功能与模拟比较器功能相冲突。

OC0：输出比较匹配输出。PB3 引脚可作为 T/C0 比较匹配的外部输出。实现该功能时，PB3 引脚必须配置为输出（设 DDB3 为 1）。在 PWM 模式的定时功能中，OC0 引脚作为输出。

- AIN0/INT2–端口 B，Bit 2

AIN0：模拟比较正输入。配置该引脚为输入时，切断内部上拉电阻，防止数字端口功能与模拟比较器功能相冲突。

INT2：外部中断源 2。PB2 引脚作为 MCU 的外部中断源。

- T1–端口 B，Bit 1

T1：T/C1 计数器源。

- T0/XCK–端口 B，Bit 0

T0：T/C0 计数器源。

XCK：USART 外部时钟。数据方向寄存器（DDB0）控制时钟为输出（DDB0 置位）还是输入（DDB0 清零）。只有当 USART 工作在同步模式时，XCK 引脚才被激活。

4. 端口 C 的第二功能

端口 C 的第二功能如表 2-1-4 所示。若 JTAG 接口使能，即使出现复位，引脚 PC5（TDI）、PC3（TMS）与 PC2（TCK）的上拉电阻也会被激活。

表 2-1-4　端口 C 的第二功能

端口引脚	第二功能
PC7	TOSC2（定时振荡器引脚 2）
PC6	TOSC1（定时振荡器引脚 1）
PC5	TDI（JTAG 测试数据输入）
PC4	TDO（JTAG 测试数据输出）
PC3	TMS（JTAG 测试模式选择）
PC2	TCK（JTAG 测试时钟）
PC1	SDA（两线串行总线数据输入/输出线）
PC0	SCL（两线串行总线时钟线）

- TOSC2–端口 C，Bit 7

TOSC2：定时振荡器引脚 2。当寄存器 ASSR 的 AS2 位置 1，使能 T/C2 的异步时钟，引脚 PC7 与端口断开，成为振荡器放大器的反向输出。在这种模式下，晶体振荡器与该引脚相连，该引脚不能作为 I/O 引脚。

- TOSC1–端口 C，Bit 6

TOSC1：定时振荡器引脚 1。当寄存器 ASSR 的 AS2 位置 1，使能 T/C2 的异步时钟，引脚 PC6 与端口断开，成为振荡器放大器的反向输出。在这种模式下，晶体振荡器与该引脚相连，该引脚不能作为 I/O 引脚。

- TDI–端口 C，Bit 5

TDI：JTAG 测试数据输入。串行输入数据移入指令寄存器或数据寄存器（扫描链）。当 JTAG

接口使能，该引脚不能作为 I/O 引脚。

- TDO–端口 C，Bit 4

TDO：JTAG 测试数据输入。串行输入数据移入指令寄存器或数据寄存器（扫描链）。当 JTAG 接口使能，该引脚不能作为 I/O 引脚。TD0 引脚在除 TAP 状态情况外为三态，进入移出数据状态。

- TMS–端口 C，Bit 3

TMS：JTAG 测试模式选择。该引脚作为 TAP 控制器状态工具的定位。当 JTAG 接口使能，该引脚不能作为 I/O 引脚。

- TCK–端口 C，Bit 2

TCK：JTAG 测试时钟。JTAG 工作在同步模式下。当 JTAG 接口使能，该引脚不能作为 I/O 引脚。

- SDA–端口 C，Bit 1

SDA：两线串行接口数据。当寄存器 TWCR 的 TWEN 位置 1，使能两线串行接口，引脚 PC1 不与端口相连，且成为两线串行接口的串行数据 I/O 引脚。在该模式下，在引脚处使用窄带滤波器抑制低于 50ns 的输入信号，且该引脚由斜率限制的开漏驱动器驱动。当该引脚使用两线串行接口，仍可由 PORTC1 位控制上拉。

- SCL–端口 C，Bit 0

SCL：两线串行接口时钟。当 TWCR 寄存器的 TWEN 位置 1，使能两线串行接口，引脚 PC0 未与端口连接，成为两线串行接口的串行时钟 I/O 引脚。在该模式下，在引脚处使用窄带滤波器抑制低于 50ns 的输入信号，且该引脚由斜率限制的开漏驱动器驱动。当该引脚使用两线串行接口时，仍可由 PORTC0 位控制上拉。

5. 端口 D 的第二功能

端口 D 的第二功能如表 2-1-5 所示。

表 2-1-5 端口 C 的第二功能

端口引脚	第二功能
PD7	OC2（T/C2 输出比较匹配输出）
PD6	ICP1（T/C1 输入捕捉引脚）
PD5	OC1A（T/C1 输出比较 A 匹配输出）
PD4	OC1B（T/C1 输出比较 B 匹配输出）
PD3	INT1（外部中断 1 的输入）
PD2	INT0（外部中断 0 的输入）
PD1	TXD（USART 输出引脚）
PD0	RXD（USART 输入引脚）

- OC2–端口 D，Bit 7

OC2：T/C2 输出比较匹配输出。PD7 引脚作为 T/C2 输出比较外部输入。在该功能下引脚作为输出（DDD7 置 1）。在 PWM 模式的定时器功能中，OC2 引脚作为输出。

- ICP1–端口 D，Bit 6

ICP1–输入捕捉引脚。PD6 作为 T/C1 的输入捕捉引脚。

● OC1A–端口 D，Bit 5

OC1A：T/C1 输出比较匹配 A 输出。PD5 引脚作为 T/C1 输出比较 A 外部输入。在该功能下引脚作为输出（DDD5 置 1）。在 PWM 模式的定时器功能中，OC1A 引脚作为输出。

● OC1B–端口 D，Bit 4

OC1B：T/C1 输出比较匹配 B 输出。PD4 引脚作为 T/C1 输出比较 B 外部输入。在该功能下引脚作为输出（DDD4 置 1）。在 PWM 模式的定时器功能中，OC1B 引脚作为输出。

● INT1–端口 D，Bit 3

INT1：外部中断 1。PD3 引脚作为 MCU 的外部中断源。

● INT0–端口 D，Bit 2

INT0：外部中断 0。PD2 引脚作为 MCU 的外部中断源。

● TXD–端口 D，Bit 1

TXD：USART 的数据发送引脚。当使能了 USART 的发送器后，这个引脚被强制设置为输出，此时 DDD1 不起作用。

● RXD–端口 D，Bit 0

RXD：USART 的数据接收引脚。当使能了 USART 的接收器后，这个引脚被强制设置为输出，此时 DDD0 不起作用。但是 PORTD0 仍然控制上拉电阻。

1.2.4　I/O 端口寄存器的说明

1. 端口 A 数据寄存器－PORTA

定义如下：

Bit	7	6	5	4	3	2	1	0	
	PORTA7	PORTA6	PORTA5	PORTA4	PORTA3	PORTA2	PORTA1	PORTA0	PORTA
读/写	R/W	R/W	R/W	R/W	R/W	R/W	R/W	R/W	
初始值	0	0	0	0	0	0	0	0	

2. 端口 A 数据方向寄存器－DDRA

定义如下：

Bit	7	6	5	4	3	2	1	0	
	DDRA7	DDRA6	DDRA5	DDRA4	DDRA3	DDRA2	DDRA1	DDRA0	DDRA
读/写	R/W	R/W	R/W	R/W	R/W	R/W	R/W	R/W	
初始值	0	0	0	0	0	0	0	0	

3. 端口 A 输入引脚地址－PINA

定义如下：

Bit	7	6	5	4	3	2	1	0	
	PINA7	PINA6	PINA5	PINA4	PINA3	PINA2	PINA1	PINA0	PINA
读/写	R/W	R/W	R/W	R/W	R/W	R/W	R/W	R/W	
初始值	0	0	0	0	0	0	0	0	

4. 端口 B 数据寄存器 – PORTB

定义如下:

Bit	7	6	5	4	3	2	1	0	
	PORTB7	PORTB6	PORTB5	PORTB4	PORTB3	PORTB2	PORTB1	PORTB0	PORTB
读/写	R/W	R/W	R/W	R/W	R/W	R/W	R/W	R/W	
初始值	0	0	0	0	0	0	0	0	

5. 端口 B 数据方向寄存器 – DDRB

定义如下:

Bit	7	6	5	4	3	2	1	0	
	DDRB7	DDRB6	DDRB5	DDRB4	DDRB3	DDRB2	DDRB1	DDRB0	DDRB
读/写	R/W	R/W	R/W	R/W	R/W	R/W	R/W	R/W	
初始值	0	0	0	0	0	0	0	0	

6. 端口 B 输入引脚地址 – PINB

定义如下:

Bit	7	6	5	4	3	2	1	0	
	PINB7	PINB6	PINB5	PINB4	PINB3	PINB2	PINB1	PINB0	PINB
读/写	R/W	R/W	R/W	R/W	R/W	R/W	R/W	R/W	
初始值	0	0	0	0	0	0	0	0	

7. 端口 C 数据寄存器 – PORTC

定义如下:

Bit	7	6	5	4	3	2	1	0	
	PORTC7	PORTC6	PORTC5	PORTC4	PORTC3	PORTC2	PORTC1	PORTC0	PORTC
读/写	R/W	R/W	R/W	R/W	R/W	R/W	R/W	R/W	
初始值	0	0	0	0	0	0	0	0	

8. 端口 C 数据方向寄存器 – DDRC

定义如下:

Bit	7	6	5	4	3	2	1	0	
	DDRC7	DDRC6	DDRC5	DDRC4	DDRC3	DDRC2	DDRC1	DDRC0	DDRC
读/写	R/W	R/W	R/W	R/W	R/W	R/W	R/W	R/W	
初始值	0	0	0	0	0	0	0	0	

9. 端口 C 输入引脚地址 – PINC

定义如下:

Bit	7	6	5	4	3	2	1	0	
	PINC7	PINC6	PINC5	PINC4	PINC3	PINC2	PINC1	PINC0	PINC
读/写	R/W	R/W	R/W	R/W	R/W	R/W	R/W	R/W	
初始值	0	0	0	0	0	0	0	0	

10. 端口 D 数据寄存器 – PORTD
    定义如下：

Bit	7	6	5	4	3	2	1	0	
	PORTD7	PORTD6	PORTD5	PORTD4	PORTD3	PORTD2	PORTD1	PORTD0	PORTD
读/写	R/W	R/W	R/W	R/W	R/W	R/W	R/W	R/W	
初始值	0	0	0	0	0	0	0	0	

11. 端口 D 数据方向寄存器 – DDRD
    定义如下：

Bit	7	6	5	4	3	2	1	0	
	DDRD7	DDRD6	DDRD5	DDRD4	DDRD3	DDRD2	DDRD1	DDRD0	DDRD
读/写	R/W	R/W	R/W	R/W	R/W	R/W	R/W	R/W	
初始值	0	0	0	0	0	0	0	0	

12. 端口 D 输入引脚地址 – PIND
    定义如下：

Bit	7	6	5	4	3	2	1	0	
	PIND7	PIND6	PIND5	PIND4	PIND3	PIND2	PIND1	PIND0	PIND
读/写	R/W	R/W	R/W	R/W	R/W	R/W	R/W	R/W	
初始值	0	0	0	0	0	0	0	0	

1.3 任务分析与实施

1.3.1 闪烁灯

1. 任务构思

根据任务要求，将 PA0、PA1 设置为输入口，故将 DDRA 的 D0、D1 位设置为 0，其他位设置为 1，PC 口设置为输出。

若开关闭合为低电平 0，断开为高电平 1，PC 口输出高电平，LED 点亮，输出低电平，LED 熄灭。

2. 任务设计

读入 PA 口寄存器 PINA 的值，并将 PA0、PA1 值保留，其他位清零，将结果保存在变量 KEY 中，这样可能的结果只有 00，01，10，11 四个取值。使用程序进行判断，当 KEY=0 或者 KEY=3

时，PC 口输出 0，发光二极管全部熄灭；当 KEY=1 时，PC 口输出 0xAA，控制奇数发光管亮，当 KEY=2 时，PC 口输出 0x55，控制偶数发光管亮。

任务设计流程如图 2-1-1 所示。

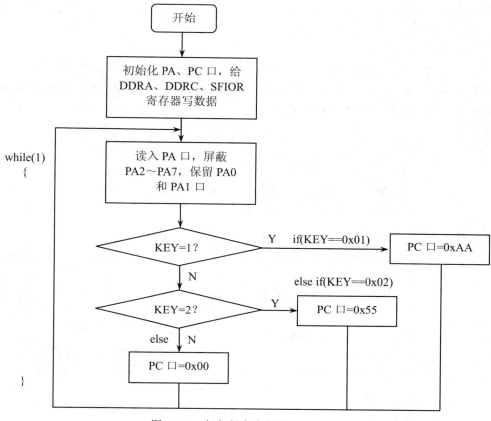

图 2-1-1   任务程序流程图

编写程序如下：

```
/*************************************************
 File name:        闪烁灯.c
 Chip type:        ATmega16
 Clock frequency:  8.0MHz
*************************************************/
#include <iom16v.h>
void main(void)
{
    unsigned char KEY;
    DDRA=0x00;
    DDRC=0xff;
    SFIOR&=0xfb;
    PORTA=0xff;
    while(1)
    {
     KEY=PINA&0x03;
     if(KEY==0x01)
```

```
         PORTC=0xaa;
    else if(KEY==0x02)
     PORTC=0x55;
    else PORTC=0x00;
   }
}
```

3. 任务实现

（1）新建设计模板。

打开 ISIS 7 Professional 窗口，选择 File→New Design 命令，弹出模板选择窗口，如图 2-1-2 所示。图中纵向图纸为 Portrait，横向图纸为 Landscape，DEFAULT 为默认。选中 DEFAULT，单击 OK 按钮，即新建好一个 DEFAULT 模板。

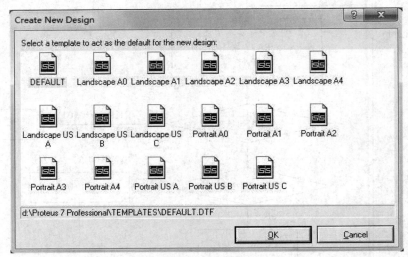

图 2-1-2　模板选择

（2）设定图纸大小。

选择 System→Set Sheet Sizes 命令，弹出对话框，在其中选中 A4 复选框，单击 OK 按钮，完成图纸设定，如图 2-1-3 所示。

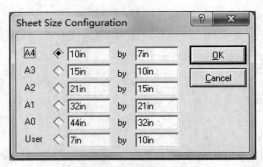

图 2-1-3　图纸选择

（3）元器件的添加。

本次设计图纸所使用的元器件如表 2-1-6 所示。

表 2-1-6   元器件列表

符号	中文	符号	中文	符号	中文
ATmega16	单片机	CAP22pF	瓷片电容	CRYSTAL 8MHz	晶振
CAP-ELEC 10µF	电解电容	LED-RED	发光二极管	LED-BLUE	发光二极管
LED-YELLOW	发光二极管	RES	电阻	SWITCH	开关

选择 Library→Pick Device/Symbol 命令，或者在器件选择按钮栏 P L DEVICES 中单击 P 按钮，弹出如图 2-1-4 所示的对话框。

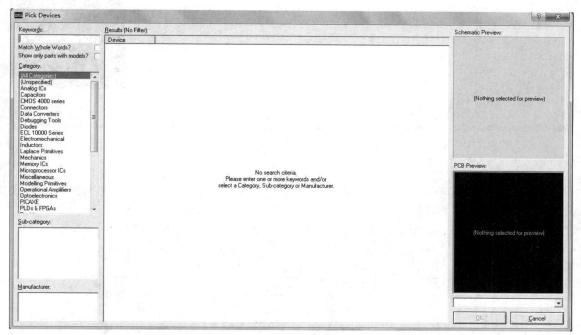

图 2-1-4   元器件选择

在关键字中输入元器件名称，如 ATmega16，则会出现与其相匹配的元器件列表，如图 2-1-5 所示。选中后双击 ATmega16 所在行，再单击 OK 按钮将 ATmega16 元器件加入到 ISIS 对象选择器中。按照上述方法，将其他元器件分别添加到 ISIS 对象选择器中。

（4）原理图绘制。

根据样图将所需元器件放置在图纸上，通过移动、旋转、布线等操作完成整个原理图，如图 2-1-6 所示。

（5）生成网络表并进行电气检测。

选择 Tools→Netlist Compiler 命令，弹出如图 2-1-7 所示的对话框，在其中可以设置网络表的输出形式、模式等，此处不进行修改，单击 OK 按钮以默认方式输出如图 2-1-8 所示的内容。

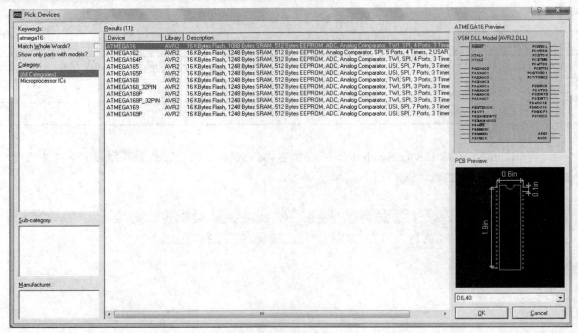

图 2-1-5　输入元器件名称

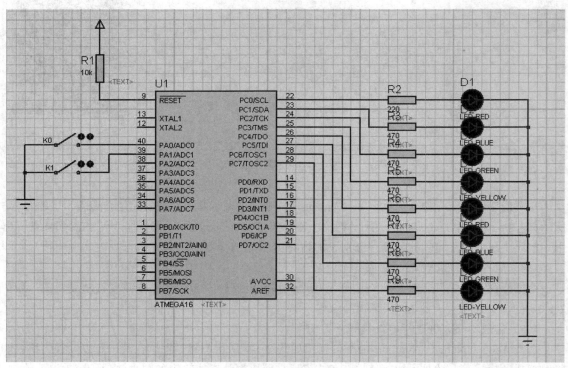

图 2-1-6　原理图

图 2-1-7 网络表设置

图 2-1-8 输出网络表

电路画完并生成网络表后，可以进行电气检测。选择 Tools→Electrical Rule Check 命令，弹出如图 2-1-9 所示的电气检测窗口，从中可以看到无电气错误。

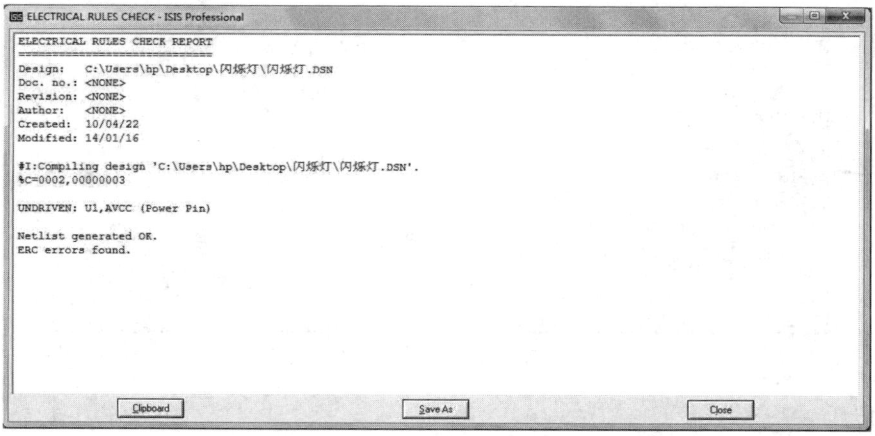

图 2-1-9 电气检测

4. 任务运行

（1）载入。

打开 ATmega16 单片机的属性设置对话框，找到 Program File 选项，如图 2-1-10 所示。载入 ICCAVR 或 CodeVisionAVR 生成的 CHENGXU1.cof 文件或 CHENGXU1.hex 文件，如图 2-1-11 所示。

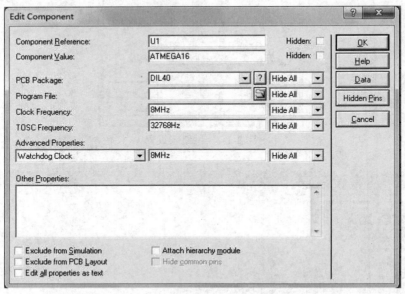

图 2-1-10　单片机属性设置

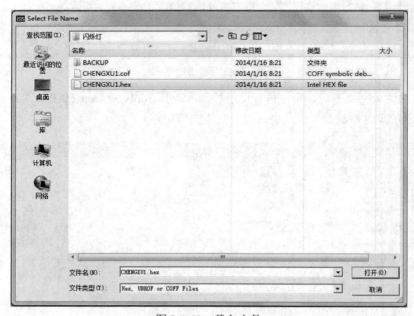

图 2-1-11　载入文件

（2）仿真。

单击 Proteus 的运行按钮，观察仿真现象，如图 2-1-12 和图 1-13 所示。

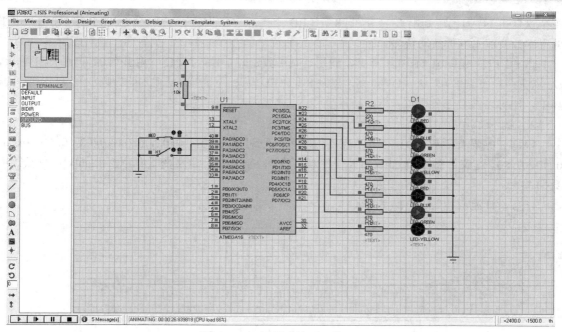

图 2-1-12　运行后按下开关 K0

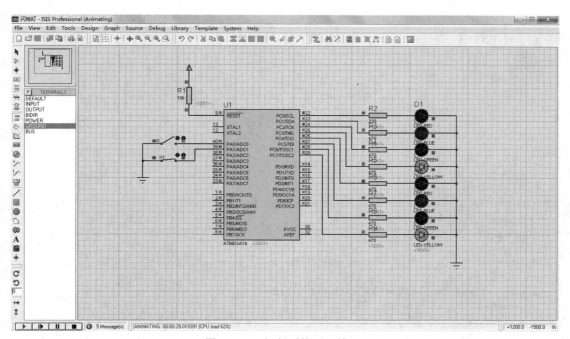

图 2-1-13　运行后按下开关 K1

1.3.2　流水灯

1. 任务构思

根据任务要求，LED 的驱动方式为 I/O 口输出高电平 1 时点亮，输出低电平 0 时熄灭。从上到下依次使得 PC 口出现高电平 1，控制 8 只 LED 点亮，通过设定延时函数来控制 PC 口输出高电平的频率改变流水灯的流动快慢。

当 PC 口输出 0x01 时，D1 点亮，调用延时函数延时 1 秒后，PC 口输出 0x02，此时 D1 熄灭，D2 点亮……直到 D7 熄灭，D8 点亮，控制 8 只 LED 从上到下点亮一遍，此过程加在 while(1)死循环中，便可以满足任务要求。

2. 任务设计

根据任务要求，控制 D1～D8 点亮的控制字段分别为：0x01，0x02，0x04，0x08，0x10，0x20，0x40，0x80。定义一个数组 tab，将 8 个控制字段放在数组中，定义变量 k，使用 tab[k]独处数组中数据。

任务设计流程如图 2-1-14 所示。

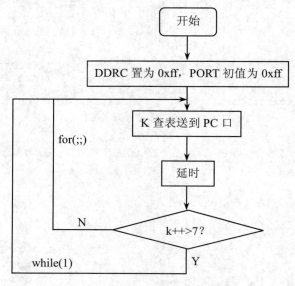

图 2-1-14　任务程序流程图

编写程序如下：

```
/*********************************************
   File name:        流水灯.c
   Chip type:        ATmega16
   Clock frequency:  8.0MHz
*********************************************/
#include <iom16v.h>
unsigned char tab[]={0x01,0x02,0x04,0x08,0x10,0x20,0x40,0x80};
void main(void)
{
     unsigned char k;
     DDRC=0xff;
     PORTC=0xff;
while(1)
{
     for(k=0;k<8;k++)
      {
        PORTC=tab[k];
```

```
            delay(1000);
        }
    }
}
void delay(unsigned int ms)
{
        unsigned int i,j;
    for(i=0;i<ms;i++)
        {
        for(j=0;j<1140;j++);
        }
}
```

3．任务实现

（1）新建设计模板。

打开 ISIS 7 Professional 窗口，选择 File→New Design 命令，弹出模板选择对话框，如图 2-1-15 所示。图中纵向图纸为 Portrait，横向图纸为 Landscape，DEFAULT 为默认项。选中 DEFAULT，单击 OK 按钮，即新建好一个 DEFAULT 模板。

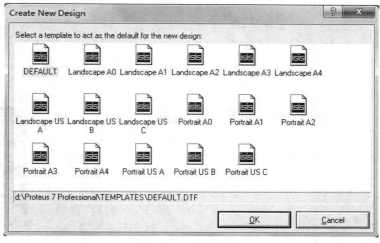

图 2-1-15　模板选择

（2）设定图纸大小。

选择 System→Set Sheet Sizes 命令，弹出对话框，在其中选中 A4 复选框，单击 OK 按钮，完成图纸设定，如图 2-1-16 所示。

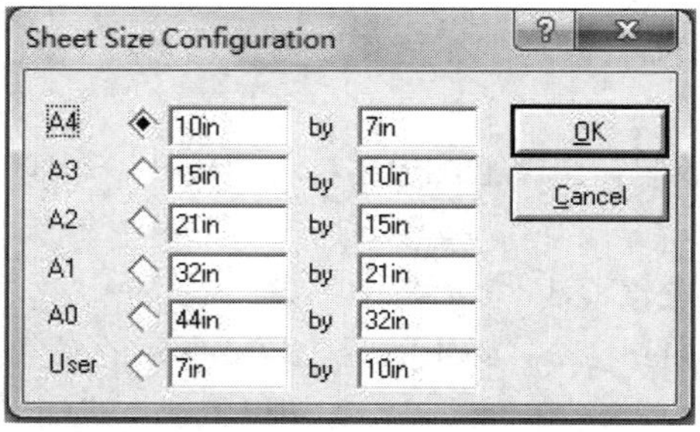

图 2-1-16　图纸选择

（3）元器件的添加。

本次设计图纸所使用的元器件如表 2-1-7 所示。

表 2-1-7　元器件列表

符号	中文	符号	中文	符号	中文
ATmega16	单片机	CAP22pF	瓷片电容	CRYSTAL 8MHz	晶振
CAP-ELEC 10μF	电解电容	LED-RED	发光二极管	LED-BLUE	发光二极管
LED-YELLOW	发光二极管	RES	电阻		

选择 Library→Pick Device/Symbol 命令，或者在器件选择按钮栏 P L　DEVICES 中单击 P 按钮，弹出如图 2-1-17 所示的对话框。

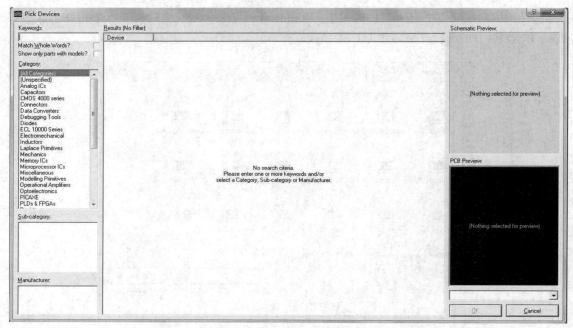

图 2-1-17　元器件选择

在关键字中输入元器件名称，如 ATmega16，则会出现与其相匹配的元器件列表，如图 2-1-18 所示。选中后双击 ATmega16 所在行，再单击 OK 按钮将 ATmega16 元器件加入到 ISIS 对象选择器中。按照上述方法，将其他元器件分别添加到 ISIS 对象选择器中。

（4）原理图绘制。

根据样图将所需元器件放置在图纸上，通过移动、旋转、布线等操作完成整个原理图，如图 2-1-19 所示。

（5）生成网络表并进行电气检测。

选择 Tools→Netlist Compiler 命令，弹出如图 2-1-20 所示的对话框，在其中可以设置网络表的输出形式、模式等，此处不进行修改，单击 OK 按钮以默认方式输出如图 2-1-21 所示的内容。

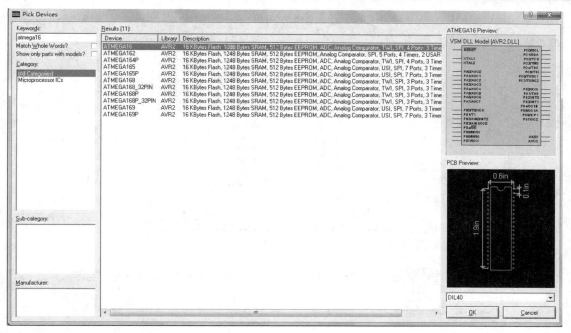

图 2-1-18　输入元器件名称

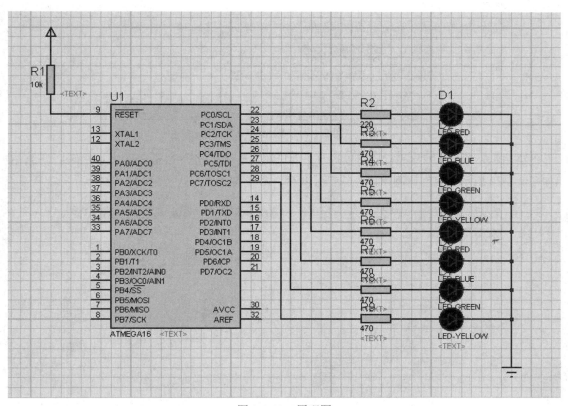

图 2-1-19　原理图

图 2-1-20　网络表设置

图 2-1-21　输出网络表

电路图画完并生成网络表后，可以进行电气检测，选择 Tools→Electrical Rule Check 命令，弹出如图 2-1-22 所示的电气检测窗口，从中可以看到无电气错误。

图 2-1-22　电气检测

4. 任务运行

（1）载入。

打开 ATmega16 单片机的属性设置对话框，找到 Program File 选项，如图 2-1-23 所示。载入 ICCAVR 或 CodeVisionAVR 生成的 CHENGXU2.cof 文件或 CHENGXU2.hex 文件，如图 2-1-24 所示。

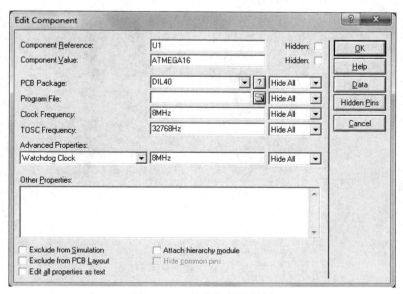

图 2-1-23　单片机属性设置

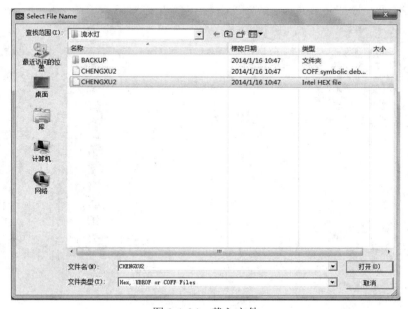

图 2-1-24　载入文件

（2）仿真。

单击 Proteus 的运行按钮，观察仿真现象，如图 2-1-25 和图 2-1-26 所示。

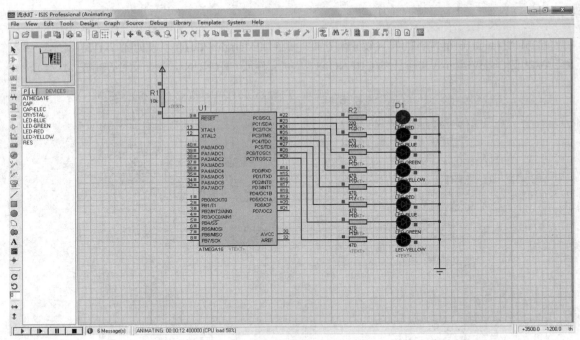

图 2-1-25　运行后按下开关 D1 亮

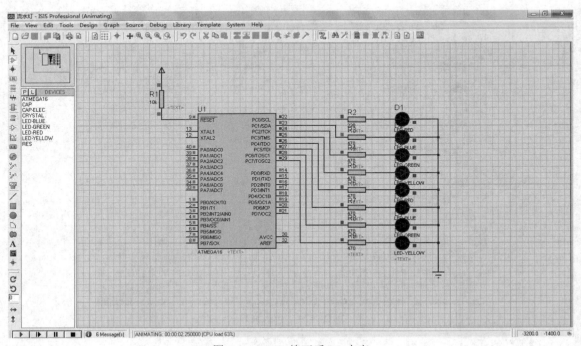

图 2-1-26　D1 熄灭后 D2 点亮

1.4　任务总结

通过闪烁灯和流水灯这两个任务的学习我们要明确以下四点：

- C 语言是一款优秀的单片机程序开发高级语言，有着灵活、方便、快捷等特点。
- 注意延时函数、数组的使用方法。实际应用中可以用不同的编程方法完成同一个任务。
- ATmega16 四组 I/O 口使用前要先确定输入还是输出，然后确定高低电平。
- Proteus 软件在整个操作过程中有着至关重要的作用，虚拟仿真在单片机开发过程中有很好的效果，可以缩短程序开发周期。

任务 2
ATmega16 单片机中断系统应用

2.1 任务要求

1. 按键控制 LED

设计制作一个按键控制的闪烁 LED，要求如下：

- PC5 口连接的 LED（D2）不停地闪烁，表示程序正在进行。
- 按下按键 K0 时，PC4 口连接的 LED（D1）点亮。
- 按下按键 K1 时，PC4 口连接的 LED（D1）熄灭。

2. 按键控制警报

设计制作一个按键控制的警报装置，要求如下：

- PC 口为输出口，接 8 只 LED。
- 运行程序后，蜂鸣器先发出 5 秒左右的报警声，然后 8 只 LED 每隔 1 秒进行闪烁显示。
- 当按下按键，蜂鸣器发出 5 秒左右的报警声。

2.2 相关知识

2.2.1 中断概述

外部中断通过引脚 INT0、INT1 与 INT2 触发。只要使能了中断，即使引脚 INT0～INT2 配置为输出，只要电平发生了合适的变化，中断也会触发。这个特点可以用来产生软件中断。通过设置 MCU 控制寄存器 MCUCR 与 MCU 控制与状态寄存器 MCUCSR，中断可以由下降沿、上升沿，或者是低电平触发（INT2 为边沿触发中断）。当外部中断使能并且配置为电平触发（INT0/INT1）时，只要引脚电平为低，中断就会产生。若要求 INT0 与 INT1 在信号下降沿或上升沿触发，I/O 时钟必须工作。INT0/INT1 的中断条件检测 INT2 则是异步的。也就是说，这些中断可以用来将器件从睡眠模式唤醒。在睡眠过程（除了空闲模式）中 I/O 时钟是停止的。通过电平方式触发中断，从而将 MCU 从掉电模式唤醒时，要保证电平保持一定的时间，以降低 MCU 对噪声的敏感程度。电平以看门狗的频率检测两次。在 5.0V、25℃的条件下，看门狗的标准时钟周期为 1μs。看门狗时钟受电压的影响。只要在采样过程中出现了合适的电平，或是信号持续到启动过程的末尾，MCU 就会唤醒。启动过程由熔丝位 SUT 决定。若信号出现于两次采样过程，但在启动过程结束之前就消失了，MCU 仍将唤醒，但不再会引发中断了。要求的电平必须保持足够长的时间以使 MCU 结束唤醒过程，然后触发电平中断。

2.2.2　中断系统

ATmega16 单片机共有 21 个中断源，其中 1 个 RESET 复位中断、3 个外部中断和 17 个内部中断，如表 2-2-1 所示。

表 2-2-1　ATmega16 单片机中断源

向量号	程序地址（FLASH 地址）	中断源	中断说明
1	0X0000	RESET	外部引脚，上电复位，掉电检测复位，看门狗复位
2	0X0002	INT0	外部中断请求 0
3	0X0004	INT1	外部中断请求 1
4	0X0006	TIMER2 COMP	定时/计数器 2 比较匹配
5	0X0008	TIMER2 OVF	定时/计数器 2 溢出
6	0X000A	TIMER1 CAPT	定时/计数器 1 事件捕捉
7	0X000C	TIMER1 COMPA	定时/计数器 1 比较匹配 A
8	0X000E	TIMER1 COMPB	定时/计数器 1 比较匹配 B
9	0X0010	TIMER1 OVF	定时/计数器 1 溢出
10	0X0012	TIMER0 OVF	定时/计数器 0 溢出
11	0X0014	SPI STC	SPI 串行传输结束
12	0X0016	USART RXC	USART 串口接收结束
13	0X0018	USART UDRE	USART 串口缓冲空
14	0X001A	USART TXC	USART 串口发送结束
15	0X001C	ADC	A/D 转换结束
16	0X001E	EE_RDY	EEPROM 就绪
17	0X0020	ANA_COMP	模拟比较器
18	0X0022	TWI	两线串行接口
19	0X0024	INT2	外部中断请求 1
20	0X0026	TIMER0_COMP	定时/计数器 0 比较匹配
21	0X0028	SPM_RDY	保存程序存储器内容就绪

在中断源中处于低地址的中断具有高的优先级。所有中断源都有独立的中断使能位，当相应的使能位和全局中断使能位（SREG 寄存器的为 I）都置位时，中断才可以发生，相应的中断服务程序才会执行。

一个中断产生后，SREG 寄存器的全局中断使能位 I 将被清零，后续中断被屏蔽。用户可以在中断服务程序中对 I 置位从而开放中断。

在中断返回后，全局中断位 I 将重新置位。当程序计数器指向中断向量，开始执行相应的中断服务程序时，对应中断标志位将被硬件清零。当一个符合条件的中断发生后，如果相应的中断使能位为 0，中断标志位将挂起并一直保持到中断执行或者被软件清除。如果全局中断标志 I 被清零，则所有的中断都不会被执行，直到 I 置位。然后，被挂起的各个中断按中断优先级依次被处理。

2.2.3 MCU 控制寄存器 – MCUCR

MCU 控制寄存器包含中断触发控制位与通用 MCU 功能。

定义如下：

Bit	7	6	5	4	3	2	1	0	
	SM2	SE	SM1	SM0	ISC11	ISC10	ISC01	ISC00	MCUCR
读/写	R/W	R/W	R/W	R	R/W	R/W	R/W	R/W	
初始值	0	0	0	0	0	0	0	0	

● Bit 3，2 –ISC11，ISC10：中断 1 触发方式控制 Bit 3 与 Bit 2。

外部中断 1 由引脚 INT1 触发，如果 SREG 寄存器的 I 标志位和相应的中断屏蔽位置位的话。触发方式如表 2-2-2 所示。在检测边沿前 MCU 首先采样 INT1 引脚上的电平。如果选择了边沿触发方式或电平变化触发方式，那么持续时间大于一个时钟周期的脉冲将触发中断，过短的脉冲则不能保证触发中断。如果选择低电平触发方式，那么低电平必须保持到当前指令执行完成。

表 2-2-2　中断 1 触发方式控制

ISC11	ISC10	说明
0	0	INT1 为低电平时产生中断请求
0	1	INT1 引脚上任意的逻辑电平变化都将引发中断
1	0	INT1 的下降沿产生异步中断请求
1	1	INT1 的上升沿产生异步中断请求

● Bit 1，0 – ISC01，ISC00：中断 0 触发方式控制 Bit 1 与 Bit 0。

外部中断 0 由引脚 INT0 激发，如果 SREG 寄存器的 I 标志位和相应的中断屏蔽位置位的话。触发方式如表 2-2-3 所示。在检测边沿前 MCU 首先采样 INT0 引脚上的电平。如果选择了边沿触发方式或电平变化触发方式，那么持续时间大于一个时钟周期的脉冲将触发中断，过短的脉冲则不能保证触发中断。如果选择低电平触发方式，那么低电平必须保持到当前指令执行完成。

表 2-2-3　中断 0 触发方式控制

ISC01	ISC00	说明
0	0	INT0 为低电平时产生中断请求
0	1	INT0 引脚上任意的逻辑电平变化都将引发中断
1	0	INT0 的下降沿产生异步中断请求
1	1	INT0 的上升沿产生异步中断请求

2.2.4　MCU 控制与状态寄存器 – MCUCSR

定义如下：

Bit	7	6	5	4	3	2	1	0	
	JTD	ISC2	—	JTRF	WDRF	BORF	EXTRF	PORF	MCUCSR
读/写	R/W	R/W	R	R/W	R/W	R/W	R/W	R/W	
初始值	0	0	0	0	0	0	0	0	

- Bit 6 – ISC2：中断 2 触发方式控制 Bit 6。

异步外中断 2 由外部引脚 INT2 触发，如果 SREG 寄存器的 I 标志和 GICR 寄存器相应的中断屏蔽位置位的话。若 ISC2 写 0，INT2 的下降沿触发中断。若 ISC2 写 1，INT2 的上升沿触发中断。INT2 的边沿触发方式是异步的。只要 INT2 引脚上产生宽度大于 Table36 所示数据的脉冲就会引发中断。若选择了低电平中断，低电平必须保持到当前指令完成，然后才会产生中断。而且只要将引脚拉低，就会引发中断请求。改变 ISC2 时有可能发生中断。因此建议首先在寄存器 GICR 里清除相应的中断使能位 INT2，然后再改变 ISC2。最后，不要忘记在重新使能中断之前通过对 GIFR 寄存器的相应中断标志位 INTF2 写 1 使其清零。

2.2.5　通用中断控制寄存器 – GICR

定义如下：

Bit	7	6	5	4	3	2	1	0	
	INT1	INT0	INT2	—	—	—	IVSEL	IVCE	GICR
读/写	R/W	R/W	R/W	R	R	R	R/W	R/W	
初始值	0	0	0	0	0	0	0	0	

- Bit 7–INT1：使能外部中断请求 1。

当 INT1 为 1，而且状态寄存器 SREG 的 I 标志置位，相应的外部引脚中断就使能了。MCU 通用控制寄存器（MCUCR）的中断敏感电平控制 1 位 1/0（ISC11 与 ISC10）决定中断是由上升沿、下降沿，还是 INT1 电平触发的。只要使能，即使 INT1 引脚被配置为输出，只要引脚电平发生了相应的变化，中断也会产生。

- Bit 6–INT0：使能外部中断请求 0。

当 INT0 为 1，而且状态寄存器 SREG 的 I 标志置位，相应的外部引脚中断就使能了。MCU 通用控制寄存器（MCUCR）的中断敏感电平控制 0 位 1/0（ISC01 与 ISC00）决定中断是由上升沿、下降沿，还是 INT0 电平触发的。只要使能，即使 INT0 引脚被配置为输出，只要引脚电平发生了相应的变化，中断也会产生。

- Bit 5–INT2：使能外部中断请求 2。

当 INT2 为 1，而且状态寄存器 SREG 的 I 标志置位，相应的外部引脚中断就使能了。MCU 通用控制寄存器（MCUCR）的中断敏感电平控制 2 位 1/0（ISC2 与 ISC2）决定中断是由上升沿、下降沿，还是 INT2 电平触发的。只要使能，即使 INT2 引脚被配置为输出，只要引脚电平发生了相应的变化，中断也会产生。

2.2.6　通用中断标志寄存器－GIFR

定义如下：

Bit	7	6	5	4	3	2	1	0	
	INTF1	INFT0	INT2	—	—	—	—	—	GIFR
读/写	R/W	R/W	R/W	R	R	R	R	R	
初始值	0	0	0	0	0	0	0	0	

- Bit 7–INTF1：外部中断标志 1。

INT1 引脚电平发生跳变时触发中断请求，并置位相应的中断标志 INTF1。如果 SREG 的位 I 以及 GICR 寄存器相应的中断使能位 INT1 为 1，MCU 即跳转到相应的中断向量。进入中断服务程序之后该标志自动清零。此外，标志位也可以通过写入 1 来清零。

- Bit 6–INTF0：外部中断标志 0。

INT0 引脚电平发生跳变时触发中断请求，并置位相应的中断标志 INTF0。如果 SREG 的位 I 以及 GICR 寄存器相应的中断使能位 INT0 为 1，MCU 即跳转到相应的中断向量。进入中断服务程序之后该标志自动清零。此外，标志位也可以通过写入 1 来清零。

- Bit 5–INTF2：外部中断标志 2。

INT2 引脚电平发生跳变时触发中断请求，并置位相应的中断标志 INTF2。如果 SREG 的位 I 以及 GICR 寄存器相应的中断使能位 INT2 为 1，MCU 即跳转到相应的中断向量。进入中断服务程序之后该标志自动清零。此外，标志位也可以通过写入 1 来清零。注意，当 INT2 中断禁用进入某些休眠模式时，该引脚的输入缓冲将禁用，这会导致 INTF2 标志设置信号的逻辑变化。

2.3　任务分析与实施

2.3.1　按键控制 LED

1. 任务构思

根据任务要求，将 PC 口设为输出口，主程序中通过不停地改变 PC5 的电平使得 D2 不停闪烁，表示程序正在运行，没有发生死机、复位等现象。用外部中断服务程序处理按键动作，采用上升沿触发中断。主程序运行过程中，若有按键按下，则程序立即响应中断，点亮或者熄灭 D1。

2. 任务设计

任务设计流程图如图 2-2-1 所示。

编写程序如下：

```
/*************************************************
File name:       按键控制 LED.c
Chip type:       ATmega16
Clock frequency:  8.0MHz
*************************************************/
#include <iom16v.h>
#include <macros.h>
void port_init(void);
```

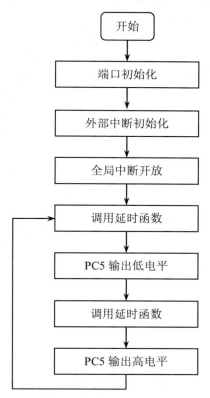

图 2-2-1   任务流程图

```
void INT_init(void);
void delay(unsigned int ms);
void INT_init(void)
{
    MCUCR=MCUCR|0x0f;
    GICR=GICR|0x80;
    GICR=GICR|0x40;
}
#pragma interrupt_handler INT0_isr:2
#pragma interrupt_handler INT1_isr:3
void INT0_isr(void)
{
    PORTC=PINC|0x10;
}
void INT1_isr(void)
{
    PORTC=PINC&0xef;
}
void main(void)
{
    port_init();
    INT_init();
    SEI();
    NOP();
    while(1)
    {
```

```
        delay(20);
        PORTC=PINC&0xdf;
        delay(20);
        PORTC=PINC|0x20;
    }
}
void port_init(void)
{
    DDRC=0xff;
    DDRD=0xf3;
}
void delay(unsigned int ms)
{
        unsigned int i,j;
        for(i=0;i<ms;i++)
        {
        for(j=0;j<1140;j++);
        }
}
```

3．任务实现

（1）原理图绘制。

根据样图将所需元器件放置在图纸上，通过移动、旋转、布线等操作完成整个原理图，如图
2-2-2 所示。

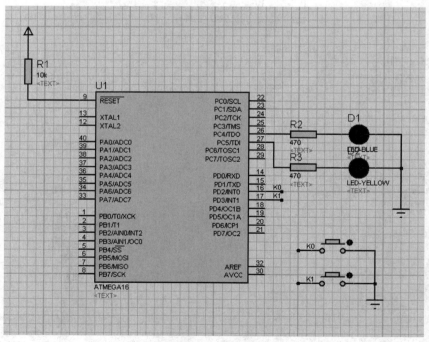

图 2-2-2　原理图

（2）生成网络表并进行电气检测。

选择 Tools→Netlist Compiler 命令，弹出如图 2-2-3 所示的对话框，在其中可以设置网络表的
输出形式、模式等，此处不进行修改，单击 OK 按钮以默认方式输出如图 2-2-4 所示的内容。

图 2-2-3　网络表设置

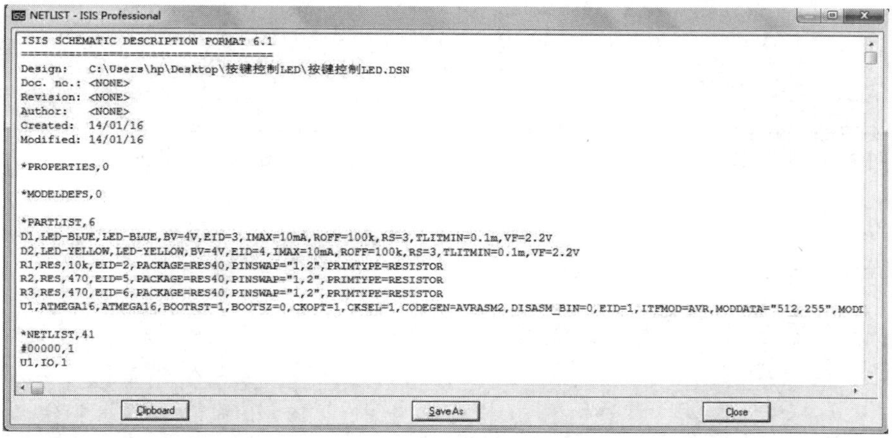

图 2-2-4　输出网络表

电路图画完并生成网络表后，可以进行电气检测，选择 Tools→Electrical Rule Check 命令，弹出如图 2-2-5 所示的电气检测窗口，从中可以看到无电气错误。

图 2-2-5　电气检测

.

.

.

.

.

4. 任务运行

（1）载入。

打开 ATmega16 单片机的属性设置对话框，找到 Program File 选项，如图 2-2-6 所示。载入 ICCAVR 或 CodeVisionAVR 生成的 CHENGXU3.cof 文件或 CHENGXU3.hex 文件，如图 2-2-7 所示。

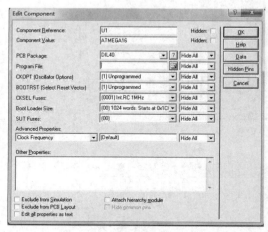

图 2-2-6 单片机属性设置　　　　　　图 2-2-7 载入文件

（2）仿真。

单击 Proteus 的运行按钮，观察仿真现象，如图 2-2-8 至图 2-2-10 所示。

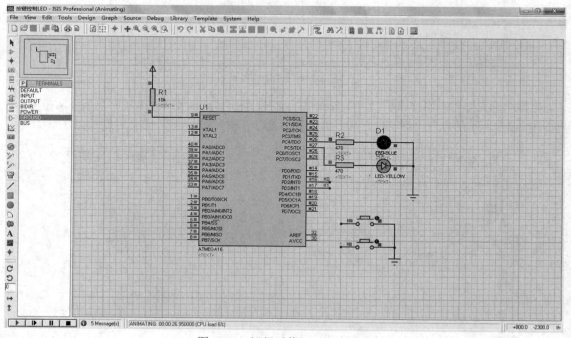

图 2-2-8 运行后黄灯不停地闪烁

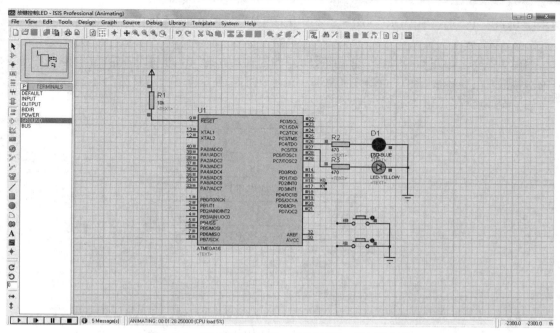

图 2-2-9　按下按键 K0 后，蓝灯点亮，黄灯仍闪烁

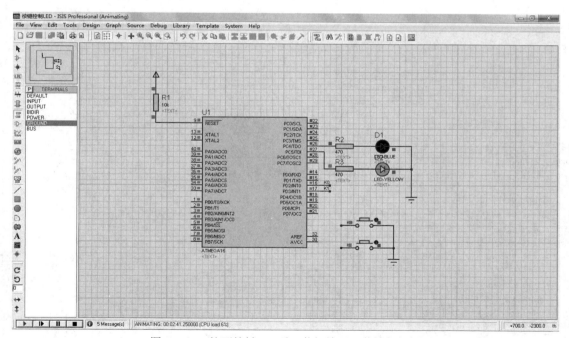

图 2-2-10　按下按键 K1 后，蓝灯熄灭，黄灯仍闪烁

2.3.2　按键控制警报

1. 任务构思

根据任务要求，PD 端口的 PD2 用作输入端口，PD7 用作输出端口，因此 PD 端口的

DDRD=0xFB，PC 端口的 DDRC=0xFF。程序中采用外部中断 0 进行蜂鸣器警报控制。

2. 任务设计

主程序中要先对 INT0 初始化，采用 INT0 下降沿触发方式。INT0 中断开始后，自动保护现场，蜂鸣器警报发出 5 秒报警声，自动恢复现场，自动中断返回。

任务设计流程图如图 2-2-11 所示。

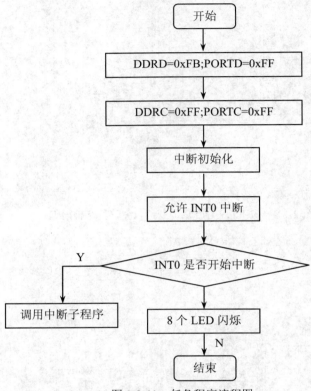

图 2-2-11　任务程序流程图

编写程序如下：

```
/*******************************************
  File name:       按键控制警报.c
  Chip type:       ATmega16
  Clock frequency: 8.0MHz
*******************************************/
#include <iom16v.h>
#include <macros.h>
#define uchar unsigned char
#define uint unsigned int
void delay(uint k)
{   uint m,n;
     for(m=0;m<k;m++)
        {
          for(n=0;n<1140;n++)
            {;}
        }
}
```

```
#pragma interrupt_handler INT0_isr:2
void INT0_isr(void)
{
    uint j;
    for(j=0;j<1250;j++)
    {
        PORTD|=(1<<6);
        delay(2);
        PORTD&=(~(1<<6));
        delay(2);
    }
}
void main(void)
{
    DDRC=0xFF;
    PORTC=0xFF;
    DDRD=0xFB;
    PORTD=0xFF;
    MCUCR=0x02;
    GICR=0x60;
    SREG=0x80;
    while(1)
    {
        PORTC=0x00;
        delay(1000);
        PORTC=0xFF;
        delay(1000);
    }
}
```

3. 任务实现

（1）原理图绘制。

根据样图将所需元器件放置在图纸上，通过移动、旋转、布线等操作完成整个原理图，如图 2-2-12 所示。

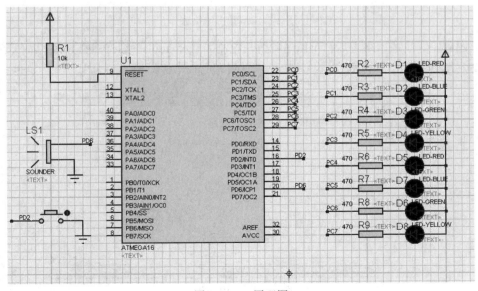

图 2-2-12　原理图

（2）生成网络表并进行电气检测。

选择 Tools→Netlist Compiler 命令，弹出如图 2-2-13 所示的对话框，在其中可以设置网络表的输出形式、模式等，此处不进行修改，单击 OK 按钮以默认方式输出如图 2-2-14 所示的内容。

图 2-2-13　网络表设置

图 2-2-14　输出网络表

电路图画完并生成网络表后，可以进行电气检测，选择 Tools→Electrical Rule Check 命令，弹出如图 2-2-15 所示的电气检测窗口，从中可以看到无电气错误。

图 2-2-15　电气检测

4. 任务运行

（1）载入。

打开 ATmega16 单片机的属性设置对话框，找到 Program File 选项，如图 2-2-16 所示。载入 ICCAVR 或 CodeVisionAVR 生成的 CHENGXU4.cof 文件或 CHENGXU4.hex 文件，如图 2-2-17 所示。

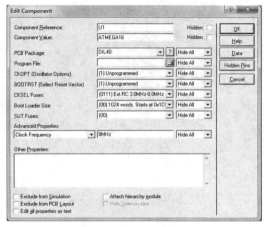

图 2-2-16   单片机属性设置

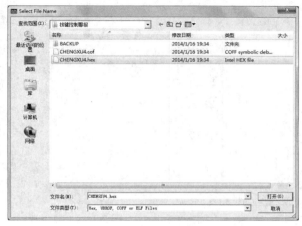

图 2-2-17   载入文件

（2）仿真。

单击 Proteus 的运行按钮，观察仿真现象，如图 2-2-18 和图 2-2-19 所示。

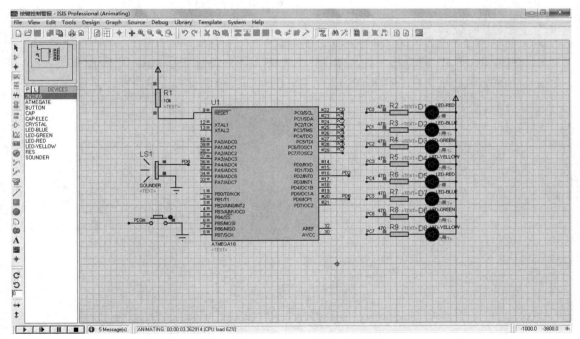

图 2-2-18   8 个 LED 间隔 1 秒闪烁

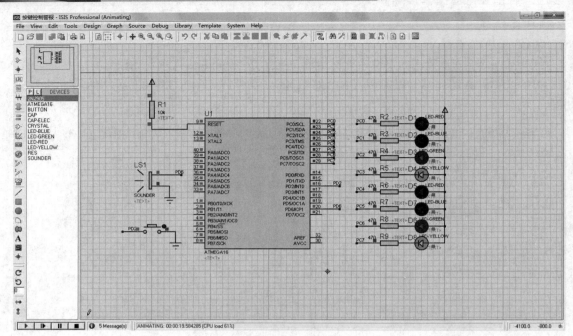

图 2-2-19   按下按键，警报响起持续 5 秒

2.4   任务总结

通过按键控制 LED 和按键控制警报这两个任务的学习我们要明确以下四点：

- 输入/输出设备建立了基本的人机交互接口。
- 常见的输入设备包括：键盘、编码开关等。
- 常见的输出设备包括：LED 数码管、字符型液晶显示器、点阵型液晶显示器等。
- 中断系统是单片机的重要组成部分，通过中断可以快速实现人机交互。

任务 3

ATmega16 单片机定时器/计数器应用

3.1 任务要求

1. 定时器 0 计时

设计制作一个用定时器控制的闪烁 LED 装置，要求如下：

- PC 口为输出口，接 8 只 LED。
- 8 只 LED 从下到上依次点亮。
- 8 只 LED 从上到下依次点亮。
- 时间间隔为 1s。

2. 定时器 0 计数

设计制作一个用定时器计数的装置，要求如下：

- PC 口为输出口，接 LED 数码管。
- 每次来一个脉冲，计数器次数加 1。
- 计数器次数为 60 时，停止计数且 LED 点亮。
- 1s 后 LED 熄灭，计数器重新计数。

3.2 相关知识

定时计数器（Timer/Counter）是单片机中最基本的接口之一，它的用途非常广泛，常用于计数、延时、测量周期、频率、脉宽、提供定时脉冲信号等。在实际应用中，对于转速、位移、速度、流量等物理量的测量，通常也是由传感器转换成脉冲电信号，通过使用定时计数器来测量其周期或频率，再经过计算处理获得。

ATmega16 有 2 个 8 位定时/计数器（T/C0、T/C2）和 1 个 16 位定时/计数器（T/C1）。3 个定时/计数器均可以用于定时、计数、PWM（脉冲宽度调制）脉冲产生、方波产生等。在使用中 T/C0 最为简单，T/C1 功能最为强大。

3.2.1　8 位定时器/计时器 T/C0

1. 综述

（1）特点。

- 单通道计数器。
- 比较匹配发生时清除定时器（自动加载）。
- 无干扰脉冲，相位正确的 PWM。
- 频率发生器。
- 外部事件计数器。
- 10 位的时钟预分频器。
- 溢出和比较匹配中断源（TOV0 和 OCF0）。

（2）寄存器。

T/C（TCNT0）和输出比较寄存器（OCR0）为 8 位寄存器。中断请求信号在定时器中断标志寄存器 TIFR 有所反映。所有中断都可以通过定时器中断屏蔽寄存器 TIMSK 单独进行屏蔽。T/C 可以通过预分频器由内部时钟源驱动，或者是通过 T0 引脚的外部时钟源来驱动。时钟选择逻辑模块控制使用哪一个时钟源与何种边沿来增加（或降低）T/C 的数值。如果没有选择时钟源，T/C 就不工作。时钟选择模块的输出定义为定时器时钟 clkT0。双缓冲的输出比较寄存器 OCR0 一直与 T/C 的数值进行比较。比较的结果可用来产生 PWM 波，或在输出比较引脚 OC0 上产生变化频率的输出。比较匹配事件还将置位比较标志 OCF0。此标志可以用来产生输出比较中断请求。

（3）定义。

本书中的许多寄存器及其各个位以通用的格式表示。小写的"n"取代了 T/C 的序号，在此即为 0。小写的"x"取代了输出比较单元通道，在此即为通道 A。但是在写程序时要使用精确的格式。

2. T/C 时钟源

T/C 可以由内部同步时钟或外部异步时钟驱动。时钟源是由时钟选择逻辑决定的，而时钟选择逻辑是由位于 T/C 控制寄存器 TCCR0 的时钟选择位 CS02:0 控制的。

3. 计数器单元

8 位 T/C 的主要部分为可编程的双向计数单元。根据不同的工作模式，计数器针对每一个 clkT0 实现清零、加一或减一操作。clkT0 可以由内部时钟源或外部时钟源产生，具体由时钟选择位 CS02:0 确定。没有选择时钟源时（CS02:0=0）定时器即停止。但是不管有没有 clkT0，CPU 都可以访问 TCNT0。CPU 写操作比计数器其他操作（如清零、加减操作）的优先级高。计数序列由 T/C 控制寄存器（TCCR0）的 WGM01 和 WGM00 决定。计数器计数行为与输出比较 OC0 的波形有紧密的关系。T/C 溢出中断标志 TOV0 根据 WGM01:0 设定的工作模式来设置。TOV0 可以用于产生 CPU 中断。

4. 输出比较单元

8 位比较器持续对 TCNT0 和输出比较寄存器 OCR0 进行比较。一旦 TCNT0 等于 OCR0，比较器就给出匹配信号。在匹配发生的下一个定时器时钟周期输出比较标志 OCF0 置位。若此时 OCIE0=1 且 SREG 的全局中断标志 I 置位，CPU 将产生输出比较中断。执行中断服务程序时 OCF0 自动清零，或者通过软件写 1 的方式来清零。根据由 WGM21:0 和 COM01:0 设定的不同的工作模式，波形发生器利用匹配信号产生不同的波形。同时，波形发生器还利用 MAX 和 BOTTOM 信号来处理极值条件下的特殊情况。使用 PWM 模式时 OCR0 寄存器为双缓冲寄存器；而在正常工作模式和匹配时清零模式双缓冲功能是禁止的。双缓冲可以将更新 OCR0 寄存器与 TOP 或 BOTTOM 时刻同步起来，从而防止产生不对称的 PWM 脉冲，消除了干扰脉冲。访问 OCR0 寄存器看起来很复杂，其实不然。使能双缓冲功能时，CPU 访问的是 OCR0 缓冲寄存器；禁止双缓冲功能时 CPU 访问的则是 OCR0 本身。

（1）强制输出比较。

工作于非 PWM 模式时，可以通过对强制输出比较位 FOC0 写 1 的方式来产生比较匹配。强制比较匹配不会置位 OCF0 标志，也不会重载或清零定时器，但是 OC0 引脚将被更新，好像真的发生了比较匹配一样（COM01:0 决定 OC0A 是置位、清零，还是 0、-、1 交替变化）。

（2）写 TCNT0 操作将阻止比较匹配。

CPU 对 TCNT0 寄存器的写操作会在下一个定时器时钟周期阻止比较匹配的发生，即使此时定时器已经停止了。这个特性可以用来将 OCR0 初始化为与 TCNT0 相同的数值而不触发中断。

（3）使用输出比较单元。

由于在任意模式下写 TCNT0 都将在下一个定时器时钟周期里阻止比较匹配，在使用输出比较时改变 TCNT0 就会有风险，不论 T/C 此时是否在运行。如果写入的 TCNT0 数值等于 OCR0，比较匹配就会丢失，造成不正确的波形发生结果。类似地，在计数器进行降序计数时不要对 TCNT0 写入等于 BOTTOM 的数据。OC0 的设置应该在设置数据方向寄存器之前完成。最简单的设置 OC0 的方法是在普通模式下利用强制输出比较 FOC0。即使在改变波形发生模式时 OC0 寄存器也会一直保持它的数值。注意 COM01:0 和比较数据都不是双缓冲的。COM01:0 的改变将立即生效。

5. 比较匹配输出单元

比较匹配模式控制位 COM01:0 具有双重功能。波形发生器利用 COM01:0 来确定下一次比较匹配发生时的输出比较状态（OC0）；COM01:0 还控制 OC0 引脚输出信号的来源。I/O 寄存器、I/O 位和 I/O 引脚以粗体表示。图中只给出了受 COM01:0 影响的通用 I/O 端口控制寄存器（DDR 和 PORT）。谈及 OC0 状态时指的是内部 OC0 寄存器，而不是 OC0 引脚。系统复位时 OC0 寄存器清零。如果 COM01:0 不全为零，通用 I/O 口功能将被波形发生器的输出比较功能取代。但 OC0 引脚为输入还是输出仍然由数据方向寄存器 DDR 控制。在使用 OC0 功能之前首先要通过数据方向寄存器的 DDR_OC0 位将此引脚设置为输出。端口功能与波形发生器的工作模式无关。输出比较逻辑的设计允许 OC0 状态在输出之前首先进行初始化。要注意某些 COM01:0 设置保留给了其他操作类型。

6. 工作模式

工作模式和输出比较引脚的行为由波形发生模式（WGM01:0）及比较输出模式（COM01:0）的控制位决定。比较输出模式对计数序列没有影响，而波形产生模式对计数序列则有影响。COM01:0 控制 PWM 输出是否为反极性。非 PWM 模式时 COM01:0 控制输出是否应该在比较匹配发生时置位、清零或是电平取反。

（1）普通模式。

普通模式（WGM01:0=0）为最简单的工作模式。在此模式下计数器不停地累加，计到 8 比特的最大值后（TOP=0xFF），由于数值溢出，计数器简单地返回到最小值 0x00 后重新开始计数。在TCNT0 为零的同一个定时器时钟里 T/C 溢出标志 TOV0 置位。此时 TOV0 有点像第 9 位，只是它只能置位，不会清零。但由于定时器中断服务程序能够自动清零 TOV0，因此可以通过软件提高定时器的分辨率。在普通模式下没有什么需要特殊考虑的，用户可以随时写入新的计数器数值。

输出比较单元可以用来产生中断。但是不推荐在普通模式下利用输出比较来产生波形，因为这会占用太多的 CPU 时间。

（2）CTC（比较匹配时清零定时器）模式。

在 CTC 模式（WGM01:0=2）下 OCR0 寄存器用于调节计数器的分辨率。当计数器的数值 TCNT0 等于 OCR0 时计数器清零。OCR0 定义了计数器的 TOP 值，亦即计数器的分辨率。这个模式使得用户可以很容易地控制比较匹配输出的频率，也简化了外部事件计数的操作。计数器数值 TCNT0 一直累加到 TCNT0 与 OCR0 匹配，然后 TCNT0 清零。利用 OCF0 标志可以在计数器数值达到 TOP 时产生中断。在中断服务程序里可以更新 TOP 的数值。由于 CTC 模式没有双缓冲功能，在计数器以无预分频器或很低的预分频器工作的时候，将 TOP 更改为接近 BOTTOM 的数值时要小心。如果写入的 OCR0 数值小于当前 TCNT0 的数值，计数器将丢失一次比较匹配。在下一次比较匹配发生之前，计数器不得不先计数到最大值 0xFF，然后再从 0x00 开始计数到 OCF0。为了在 CTC 模式下得到波形输出，可以设置 OC0 在每次比较匹配发生时改变逻辑电平。这可以通过设置 COM01:0=1 来完成。在期望获得 OC0 输出之前，首先要将其端口设置为输出。波形发生器能够产生的最大频率为 $f_{OC0}=f_{clk\_I/O}/2$（OCR0=0x00）。频率由如下公式确定：

$$f_{OC0} = \frac{f_{clk\_I/O}}{2 \cdot N \cdot (1 + OCRn)}$$

变量 N 代表预分频因子（1、8、64 或 1024）。

在普通模式下，TOV0 标志的置位发生在计数器从 MAX 变为 0x00 的定时器时钟周期。

（3）快速 PWM 模式。

快速 PWM 模式（WGM01:0=3）可用来产生高频的 PWM 波形。快速 PWM 模式与其他 PWM 模式的不同之处是其单斜坡工作方式。计数器从 BOTTOM 计到 MAX，然后立即回到 BOTTOM 重新开始。对于普通的比较输出模式，输出比较引脚 OC0 在 TCNT0 与 OCR0 匹配时清零，在 BOTTOM 时置位。对于反向比较输出模式，OC0 的动作正好相反。由于使用了单斜坡模式，快速 PWM 模式的工作频率比使用双斜坡的相位修正 PWM 模式高一倍。此高频操作特性使得快速 PWM 模式十分适合于功率调节、整流和 DAC 应用。高频可以减小外部元器件（电感、电容）的物理尺寸，从而降低系统成本。工作于快速 PWM 模式时，计数器的数值一直增加到 MAX，然后在后面的一个时钟周期清零。计时器数值达到 MAX 时 T/C 溢出标志 TOV0 置位。如果中断使能，在中断服务程序可以更新比较值。工作于快速 PWM 模式时，比较单元可以在 OC0 引脚上输出 PWM 波形。设置 COM01:0 为 2 可以产生普通的 PWM 信号；为 3 则可以产生反向 PWM 波形。要想在引脚上得到输出信号还必须将 OC0 的数据方向设置为输出。产生 PWM 波形的机理是 OC0 寄存器在 OCR0 与 TCNT0 匹配时置位（或清零），以及在计数器清零（从 MAX 变为 BOTTOM）的那一个定时器时钟周期清零（或置位）。输出的 PWM 频率可以通过如下公式计算得到：

$$f_{OC0} = \frac{f_{clk\_I/O}}{N \cdot 256}$$

变量 N 代表分频因子（1、8、64、256 或 1024）。

OCR0 寄存器为极限值时表示快速 PWM 模式的一些特殊情况。若 OCR0 等于 BOTTOM，输出为出现在第 MAX+1 个定时器时钟周期的窄脉冲；OCR0 为 MAX 时，根据 COM01:0 的设定，输出恒为高电平或低电平。通过设定 OC0 在比较匹配时进行逻辑电平取反（COM01:0=1），可以得到占空比为 50%的周期信号。OCR0 为 0 时信号有最高频率，$f_{OC2}=f_{clk\_I/O}/2$。这个特性类似于 CTC 模式下的 OC0 取反操作，不同之处在于快速 PWM 模式具有双缓冲。

（4）相位修正 PWM 模式。

相位修正 PWM 模式（WGM01:0=1）为用户提供了一个获得高精度相位修正 PWM 波形的方法。此模式基于双斜坡操作。计时器重复地从 BOTTOM 计到 MAX，然后又从 MAX 倒退回到 BOTTOM。在一般的比较输出模式下，当计时器往 MAX 计数时若发生了 TCNT0 与 OCR0 的匹配，OC0 将清零为低电平；而在计时器往 BOTTOM 计数时若发生了 TCNT0 与 OCR0 的匹配，OC0 将置位为高电平。工作于反向输出比较时则正好相反。与单斜坡操作相比，双斜坡操作可获得的最大频率要小。但由于其对称的特性，十分适合于电机控制。相位修正 PWM 模式的 PWM 精度固定为 8 比特。计时器不断地累加直到 MAX，然后开始减计数。在一个定时器时钟周期里 TCNT0 的值等于 MAX。同时说明了普通 PWM 的输出和反向 PWM 的输出。TCNT0 斜坡上的小横条表示 OCR0 与 TCNT0 的比较匹配。当计时器达到 BOTTOM 时 T/C 溢出标志位 TOV0 置位。此标志位可用来产生中断。工作于相位修正 PWM 模式时，比较单元可以在 OC0 引脚产生 PWM 波形：将 COM01:0 设置为 2 产生普通相位的 PWM，设置 COM01:0 为 3 产生反向 PWM 信号。要想在引脚上得到输出信号还必须将 OC0 的数据方向设置为输出。OCR0 和 TCNT0 比较匹配发生时 OC0 寄存器将产生相应的清零或置位操作，从而产生 PWM 波形。工作于相位修正模式时 PWM 频率可由以下公式获得：

$$f_{OC0PCPWM}=\frac{f_{clk\_I/O}}{N\cdot 510}$$

变量 N 表示预分频因子（1、8、64、256 或 1024）。

OCR0 寄存器处于极值代表了相位修正 PWM 模式的一些特殊情况。在普通 PWM 模式下，若 OCR0 等于 BOTTOM，输出一直保持为低电平；若 OCR0 等于 MAX，则输出保持为高电平。反向 PWM 模式则正好相反。在第 2 个周期，虽然没有发生比较匹配，OCn 也出现了一个从高到低的跳变，其目的是保证波形在 BOTTOM 两侧的对称。没有比较匹配时 OCR0A 的值从 MAX 改变为其他数据时 OCn 也会发生跳变，表现在下面两种情况下：当 OCR0A 值为 MAX 时，引脚 OCn 的输出应该与前面降序计数比较匹配的结果相同，为了保证波形在 BOTTOM 两侧的对称，当 T/C 的数值为 MAX 时，引脚 OCn 的输出又必须符合后面升序计数比较匹配的结果，此时就出现了虽然没有比较匹配发生 OCn 却仍然有跳变的现象；另一种情况是定时器从一个比 OCR0A 高的值开始计数，并因而丢失了一次比较匹配，系统因此引入了没有比较匹配发生 OCn 却仍然有跳变的现象。

7. 8 位定时器/计数器寄存器的说明

（1）T/C 控制寄存器－TCCR0。

Bit	7	6	5	4	3	2	1	0	
	FOC0	WGM00	COM01	COM00	WGM01	CS02	CS01	CS00	TCCR0
读/写	W	R/W	R/W	R/W	R/W	R/W	R/W	R/W	
初始值	0	0	0	0	0	0	0	0	

● Bit 7–FOC0：强制输出比较。

FOC0 仅在 WGM00 指明非 PWM 模式时才有效。但是，为了保证与未来器件的兼容性，在使用 PWM 时，写 TCCR0 要对其清零。对其写 1 后，波形发生器将立即进行比较操作。比较匹配输出引脚 OC0 将按照 COM01:0 的设置输出相应的电平。要注意 FOC0 类似一个锁存信号，真正对强制输出比较起作用的是 COM01:0 的设置。FOC0 不会引发任何中断，也不会在利用 OCR0 作为 TOP 的 CTC 模式下对定时器进行清零的操作。读 FOC0 的返回值永远为 0。

● Bit 6，3–WGM01:0：波形产生模式。

这几位控制计数器的计数序列：计数器的最大值 TOP，以及产生何种波形。T/C 支持的模式有：普通模式、比较匹配发生时清除计数器模式（CTC），以及两种 PWM 模式，如表 2-3-1 所示。

表 2-3-1 T/C0 的波形产生模式

模式	WGM01	WGM00	T/C 的工作模式	最大值	OCR0 的更新时间	TOV0 的置位时刻
0	0	0	普通	0xff	立即更新	MAX
1	0	1	PWM，相位修正	0xff	TOP	BOTTOM
2	1	0	CTC	OCR0	立即更新	MAX
3	1	1	快速 PWM	0xff	TOP	MAX

● Bit 5，4–COM01:0：比较匹配输出模式。

这两位决定了比较匹配发生时输出引脚 OC0 的电平。如果 COM01:0 中的一位或全部都置位，OC0 以比较匹配输出的方式进行工作。同时其方向控制位要设置为 1 以使能输出驱动器。当 OC0 连接到物理引脚上时，COM01:0 的功能依赖于 WGM01:0 的设置。表 2-3-2 给出了当 WGM01:0 设置为普通模式或 CTC 模式时 COM01:0 的功能。

表 2-3-2 比较输出模式，非 PWM 模式

COM01	COM00	说明
0	0	正常的端口操作，不与 OC0 相连接
0	1	比较匹配发生时 OC0 取反
1	0	比较匹配发生时 OC0 清零
1	1	比较匹配发生时 OC0 置位

表 2-3-3 给出了当 WGM01:0 设置为快速 PWM 模式时 COM01:0 的功能。

表 2-3-3 快速 PWM 模式

COM01	COM00	说明
0	0	正常的端口操作，不与 OC0 相连接
0	1	保留
1	0	比较匹配发生时 OC0A 清零，计数到 TOP 时 OC0 置位
1	1	比较匹配发生时 OC0A 置位，计数到 TOP 时 OC0 清零

表 2-3-4 给出了当 WGM01:0 设置为相位修正 PWM 模式时 COM01:0 的功能。

表 2-3-4 相位修正 PWM 模式

COM01	COM00	说明
0	0	正常的端口操作，不与 OC0 相连接
0	1	保留
1	0	在升序计数时发生比较匹配将清零 OC0；降序计数时发生比较匹配将置位 OC0
1	1	在升序计数时发生比较匹配将置位 OC0；降序计数时发生比较匹配将清零 OC0

- Bit 2～0–CS02:0：时钟选择。

用于选择 T/C 的时钟源。表 2-3-5 给出了时钟选择位定义。

表 2-3-5 T/C0 时钟源的设定

CS02	CS01	CS00	说明
0	0	0	无时钟，T/C 不工作
0	0	1	clk_I/O/1（没有预分频）
0	1	0	clk_I/O/8（来自预分频器）
0	1	1	clk_I/O/64（来自预分频器）
1	0	0	clk_I/O/256（来自预分频器）
1	0	1	clk_I/O/1024（来自预分频器）
1	1	0	时钟由 T0 引脚输入，下降沿触发
1	1	1	时钟由 T0 引脚输入，上升沿触发

（2）T/C 寄存器－TCNT0。

定义如下：

Bit	7	6	5	4	3	2	1	0	
				TCNT[7～0]					TCNT0
读/写	R/W	R/W	R/W	R/W	R/W	R/W	R/W	R/W	
初始值	0	0	0	0	0	0	0	0	

通过 T/C 寄存器可以直接对计数器的 8 位数据进行读写访问。对 TCNT0 寄存器的写访问将在下一个时钟周期阻止比较匹配。在计数器运行的过程中修改 TCNT0 的数值有可能丢失一次 TCNT0 和 OCR0 的比较匹配。

（3）输出比较寄存器－OCR0。

定义如下：

Bit	7	6	5	4	3	2	1	0	
				OCR[7～0]					OCR0
读/写	R/W	R/W	R/W	R/W	R/W	R/W	R/W	R/W	
初始值	0	0	0	0	0	0	0	0	

输出比较寄存器包含一个 8 位的数据，不间断地与计数器数值 TCNT0 进行比较。匹配事件可

以用来产生输出比较中断，或者用来在 OC0 引脚上产生波形。

（4）T/C 中断屏蔽寄存器－TIMSK。

定义如下：

Bit	7	6	5	4	3	2	1	0	
	OCIE2	TOIE2	TICIE1	OCIE1A	OCIE1B	TOIE1	OCIE0	TOIE0	TIMSK
读/写	R/W	R/W	R/W	R/W	R/W	R/W	R/W	R/W	
初始值	0	0	0	0	0	0	0	0	

● Bit 1–OCIE0：T/C0 输出比较匹配中断使能。

当 OCIE0 和状态寄存器的全局中断使能位 I 都为 1 时，T/C0 的输出比较匹配中断使能。当 T/C0 的比较匹配发生，即 TIFR 中的 OCF0 置位时，中断服务程序得以执行。

● Bit 0–TOIE0：T/C0 溢出中断使能。

当 TOIE0 和状态寄存器的全局中断使能位 I 都为 1 时，T/C0 的溢出中断使能。当 T/C0 发生溢出，即 TIFR 中的 TOV0 位置位时，中断服务程序得以执行。

（5）T/C 中断标志寄存器－TIFR。

定义如下：

Bit	7	6	5	4	3	2	1	0	
	OCF2	TOV2	ICF1	OCF1A	OCF1B	TOV1	OCF0	TOV0	TIFR
读/写	R/W	R/W	R/W	R/W	R/W	R/W	R/W	R/W	
初始值	0	0	0	0	0	0	0	0	

● Bit 1–OCF0：输出比较标志 0。

当 T/C0 与 OCR0（输出比较寄存器 0）的值匹配时，OCF0 置位。此位在中断服务程序里硬件清零，也可以对其写 1 来清零。当 SREG 中的位 I、OCIE0（T/C0 比较匹配中断使能）和 OCF0 都置位时，中断服务程序得到执行。

● Bit 0–TOV0：T/C0 溢出标志。

当 T/C0 溢出时，TOV0 置位。执行相应的中断服务程序时此位硬件清零。此外，TOV0 也可以通过写 1 来清零。当 SREG 中的位 I、TOIE0（T/C0 溢出中断使能）和 TOV0 都置位时，中断服务程序得到执行。在相位修正 PWM 模式中，当 T/C0 在 0x00 改变计数方向时，TOV0 置位。

3.2.2　T/C0 与 T/C1 的预分频器

T/C1 与 T/C0 共用一个预分频模块，但它们可以有不同的分频设置。下述内容适用于 T/C1 与 T/C0。

1. 内部时钟源

当 CSn2:0=1 时，系统内部时钟直接作为 T/C 的时钟源，这也是 T/C 最高频率的时钟源 $f_{clk\_I/O}$，与系统时钟频率相同。预分频器可以输出 4 个不同的时钟信号 $f_{clk\_I/O}/8$、$f_{clk\_I/O}/64$、$f_{clk\_I/O}/256$ 或 $f_{clk\_I/O}/1024$。

2. 分频器复位

预分频器是独立运行的。也就是说，其操作独立于 T/C 的时钟选择逻辑，且它由 T/C1 与 T/C0 共享。由于预分频器不受 T/C 时钟选择的影响，预分频器的状态需要包含预分频时钟被用到何处这样的信息。一个典型的例子发生在定时器使能并由预分频器驱动（6>CSn2:0>1）的时候：从计时器使能到第一次开始计数可能花费 1 到 N+1 个系统时钟周期，其中 N 等于预分频因子（8、64、256 或 1024）。通过复位预分频器来同步 T/C 与程序运行是可能的。但是必须注意另一个 T/C 是否也在使用这一预分频器，因为预分频器复位将会影响所有与其连接的 T/C。

3. 外部时钟源

由 T1/T0 引脚提供的外部时钟源可以用作 T/C 时钟 clkT1/clkT0。引脚同步逻辑在每个系统时钟周期对引脚 T1/T0 进行采样，然后将同步（采样）信号送到边沿检测器。寄存器由内部系统时钟 clk_I/O 的上升沿驱动。当内部时钟为高时，锁存器可以看作是透明的。CSn2:0=7 时边沿检测器检测到一个正跳变，产生一个 clkT1 脉冲；CSn2:0=6 时一个负跳变就产生一个 clkT0 脉冲。由于引脚上同步与边沿监测电路的存在，引脚 T1/T0 上的电平变化需要延时 2.5 到 3.5 个系统时钟周期才能使计数器进行更新。禁止或使能时钟输入必须在 T1/T0 保持稳定至少一个系统时钟周期后才能进行，否则有产生错误 T/C 时钟脉冲的危险。为保证正确的采样，外部时钟脉冲宽度必须大于一个系统时钟周期。在占空比为 50%时外部时钟频率必须小于系统时钟频率的一半（$f_{Extclk}<f_{clk\_I/O}/2$）。由于边沿检测器使用的是采样这一方法，它能检测到的外部时钟最多是其采样频率的一半（Nyquist 采样定理）。然而，由于振荡器（晶体、谐振器与电容）本身误差带来的系统时钟频率及占空比的差异，建议外部时钟的最高频率不要大于 $f_{clk\_I/O}/2.5$。外部时钟源不送入预分频器。

4. 特殊功能 IO 寄存器 – SFIOR

定义如下：

Bit	7	6	5	4	3	2	1	0	
	ADTS2	ADTS1	ADTS0	—	ACME	PUD	PSR2	PSR10	SFIOTR
读/写	R/W	R/W	R/W	R	R/W	R/W	R/W	R/W	
初始值	0	0	0	0	0	0	0	0	

- Bit 0 – PSR10：T/C1 与 T/C0 预分频器复位。

置位时 T/C1 与 T/C0 的预分频器复位。操作完成后这一位由硬件自动清零。写入零时不会引发任何动作。T/C1 与 T/C0 共用同一预分频器，且预分频器复位对两个定时器均有影响。该位总是读为 0。

3.2.3　16 位定时器/计数器

1. 综述

（1）特点。

16 位的 T/C 可以实现精确的程序定时（事件管理）、波形产生和信号测量。其主要特点如下：

- 真正的 16 位设计（即允许 16 位的 PWM）。
- 2 个独立的输出比较单元。
- 双缓冲的输出比较寄存器。
- 一个输入捕捉单元。

- 输入捕捉噪声抑制器。
- 比较匹配发生时清除寄存器（自动重载）。
- 无干扰脉冲，相位正确的 PWM。
- 可变的 PWM 周期。
- 频率发生器。
- 外部事件计数器。
- 4 个独立的中断源（TOV1、OCF1A、OCF1B 与 ICF1）。

（2）寄存器。

定时器/计数器 TCNT1、输出比较寄存器 OCR1A/B 与输入捕捉寄存器 ICR1 均为 16 位寄存器。访问 16 位寄存器必须通过特殊的步骤。T/C 控制寄存器 TCCR1A/B 为 8 位寄存器，没有 CPU 访问的限制。中断请求信号在中断标志寄存器 TIFR1 中有反映。所有中断都可以由中断屏蔽寄存器 TIMSK1 单独控制。T/C 可由内部时钟通过预分频器或通过由 T1 引脚输入的外部时钟驱动。引发 T/C 数值增加（或减少）的时钟源及其有效沿由时钟选择逻辑模块控制。没有选择时钟源时 T/C 处于停止状态。时钟选择逻辑模块的输出称为 clkT1。双缓冲输出比较寄存器 OCR1A/B 一直与 T/C 的值做比较。波形发生器用比较结果产生 PWM 或在输出比较引脚 OC1A/B 输出可变频率的信号。比较匹配结果还可置位比较匹配标志 OCF1A/B，用来产生输出比较中断请求。当输入捕捉引脚 ICP1 或模拟比较器输入引脚有输入捕捉事件产生（边沿触发）时，当时的 T/C 值被传输到输入捕捉寄存器保存起来。输入捕捉单元包括一个数字滤波单元（噪声消除器）以降低噪声干扰。在某些操作模式下，TOP 值或 T/C 的最大值可由 OCR1A 寄存器、ICR1 寄存器，或一些固定数据来定义。在 PWM 模式下用 OCR1A 作为 TOP 值时，OCR1A 寄存器不能用作 PWM 输出。但此时 OCR1A 是双向缓冲的，TOP 值可在运行过程中得到改变。当需要一个固定的 TOP 值时可以使用 ICR1 寄存器，从而释放 OCR1A 来用作 PWM 的输出。

（3）兼容性。

16 位 T/C 是从以前版本的 16 位 AVRT/C 改进和升级得来的。它在如下方面与以前的版本完全兼容：

- 包括定时器中断寄存器在内的所有 16 位 T/C 相关的 I/O 寄存器的地址。
- 包括定时器中断寄存器在内的所有 16 位 T/C 相关的寄存器位定位。
- 中断向量。

下列控制位名称已改，但具有相同的功能与寄存器单元：

- PWM10 改为 WGM10。
- PWM11 改为 WGM11。
- CTC1 改为 WGM12。

16 位 T/C 控制寄存器中添加了下列位：

- TCCR1C 中加入 FOC1A 与 FOC1B。
- TCCR1B 中加入 WGM13。

16 位 T/C 的一些改进在某些特殊情况下将影响兼容性。

2．访问 16 位寄存器

TCNT1、OCR1A/B 与 ICR1 是 AVRCPU 通过 8 位数据总线可以访问的 16 位寄存器。读写 16 位寄存器需要两次操作。每个 16 位计时器都有一个 8 位临时寄存器用来存放其高 8 位数据。每个

16 位定时器所属的 16 位寄存器共用相同的临时寄存器。访问低字节会触发 16 位读或写操作。当 CPU 写入数据到 16 位寄存器的低字节时，写入的 8 位数据与存放在临时寄存器中的高 8 位数据组成一个 16 位数据，同步写入到 16 位寄存器中。当 CPU 读取 16 位寄存器的低字节时，高字节内容在读低字节操作的同时被放置于临时辅助寄存器中。并非所有的 16 位访问都涉及临时寄存器，对 OCR1A/B 寄存器的读操作就不涉及临时寄存器。写 16 位寄存器时，应先写入该寄存器的高位字节，而读 16 位寄存器时应先读取该寄存器的低位字节。同样的原则也适用于对 OCR1A/B 与 ICR1 寄存器的访问。使用 C 语言时，编译器会自动处理 16 位操作。临时寄存器的重用如果对不只一个 16 位寄存器写入数据而且所有的寄存器高字节相同，则只需写一次高字节。

3. T/C 时钟源

T/C 时钟源可以来自内部，也可来自外部，由位于 T/C 控制寄存器 B（TCCR1B）的时钟选择位（CS12:0）决定。

4. 计数器单元

16 位 T/C 的主要部分是可编程的 16 位双向计数器单元。16 位计数器映射到两个 8 位 I/O 存储器位置：TCNT1H 为高 8 位，TCNT1L 为低 8 位。CPU 只能间接访问 TCNT1H 寄存器。CPU 访问 TCNT1H 时，实际访问的是临时寄存器（TEMP）。读取 TCNT1L 时，临时寄存器的内容更新为 TCNT1H 的数值；而对 TCNT1L 执行写操作时，TCNT1H 被临时寄存器的内容所更新。这就使 CPU 可以在一个时钟周期里通过 8 位数据总线完成对 16 位计数器的读、写操作。此外还需要注意计数器在运行时的一些特殊情况，在这些特殊情况下对 TCNT1 写入数据会带来未知的结果。在合适的章节会对这些特殊情况进行具体描述。根据工作模式的不同，在每一个 clkT1 时钟到来时，计数器进行清零、加 1 或减 1 操作。clkT1 由时钟选择位 CS12:0 设定。当 CS12:0=0 时，计数器停止计数。不过 CPU 对 TCNT1 的读取与 clkT1 是否存在无关。CPU 写操作比计数器清零和其他操作的优先级都高。计数器的计数序列取决于寄存器 TCCR1A 和 TCCR1B 中标志位 WGM13:0 的设置。计数器的运行（计数）方式与通过 OC1x 输出的波形发生方式有很紧密的关系。通过 WGM13:0 确定了计数器的工作模式之后，TOV1 的置位方式也就确定了。TOV1 可以用来产生 CPU 中断。

5. 输入捕捉单元

T/C 的输入捕捉单元可用来捕获外部事件，并为其赋予时间标记以说明此时间的发生时刻。外部事件发生的触发信号由引脚 ICP1 输入，也可通过模拟比较器单元来实现。时间标记可用来计算频率、占空比及信号的其他特征，以及为事件创建日志。寄存器与位中的小写"n"表示定时器/计数器编号。当引脚 ICP1 上的逻辑电平（事件）发生了变化，或模拟比较器输出 ACO 电平发生了变化，并且这个电平变化为边沿检测器所证实，输入捕捉即被激发：16 位的 TCNT1 数据被拷贝到输入捕捉寄存器 ICR1 中，同时输入捕捉标志位 ICF1 置位。如果此时 ICIE1=1，输入捕捉标志将产生输入捕捉中断。中断执行时 ICF1 自动清零，或者也可通过软件在其对应的 I/O 位置写入逻辑 1 清零。读取 ICR1 时要先读低字节 ICR1L，然后再读高字节 ICR1H。读低字节时，高字节被复制到高字节临时寄存器 TEMP。CPU 读取 ICR1H 时将访问 TEMP 寄存器。对 ICR1 寄存器的写访问只存在于波形产生模式，此时 ICR1 被用作计数器的 TOP 值。写 ICR1 之前首先要设置 WGM13:0 以允许这个操作。对 ICR1 寄存器进行写操作时必须先将高字节写入 ICR1HI/O，然后再将低字节写入 ICR1L。

（1）输入捕捉触发源。

输入捕捉单元的主要触发源是 ICP1。T/C1 还可用模拟比较输出作为输入捕捉单元的触发源。用户必须通过设置模拟比较控制与状态寄存器 ACSR 的模拟比较输入捕捉位 ACIC 来做到这一点。

要注意的是，改变触发源有可能造成一次输入捕捉。因此在改变触发源后必须对输入捕捉标志执行一次清零操作以避免出现错误的结果。ICP1 与 ACO 的采样方式与 T1 引脚是相同的，使用的边沿检测器也一样。但是使能噪声抑制器后，在边沿检测器前会加入额外的逻辑电路并引入 4 个系统时钟周期的延迟。要注意的是，除去使用 ICR1 定义 TOP 的波形产生模式外，T/C 中的噪声抑制器与边沿检测器总是使能的。输入捕捉也可以通过软件控制引脚 ICP1 的方式来触发。

（2）噪声抑制器。

噪声抑制器通过一个简单的数字滤波方案提高系统抗噪性。它对输入触发信号进行 4 次采样。只有当 4 次采样值相等时其输出才会送入边沿检测器。置位 TCCR1B 的 ICNC1 将使能噪声抑制器。使能噪声抑制器后，在输入发生变化到 ICR1 得到更新之间将会有额外的 4 个系统时钟周期的延时。噪声抑制器使用的是系统时钟，因而不受预分频器的影响。

（3）输入捕捉单元的使用。

使用输入捕捉单元的最大问题就是分配足够的处理器资源来处理输入事件。事件的时间间隔是关键。如果处理器在下一次事件出现之前没有读取 ICR1 的数据，ICR1 就会被新值覆盖，从而无法得到正确的捕捉结果。使用输入捕捉中断时，中断程序应尽可能早的读取 ICR1 寄存器。尽管输入捕捉中断优先级相对较高，但最大中断响应时间与其他正在运行的中断程序所需的时间相关。在任何输入捕捉工作模式下都不推荐在操作过程中改变 TOP 值。测量外部信号的占空比时要求每次捕捉后都要改变触发沿。因此读取 ICR1 后必须尽快改变敏感的信号边沿。改变边沿后，ICF1 必须由软件清零（在对应的 I/O 位置写 1）。若仅需测量频率，且使用了中断发生，则不需要对 ICF1 进行软件清零。

6. 输出比较单元

16 位比较器持续比较 TCNT1 与 OCR1x 的内容，一旦发现它们相等，比较器立即产生一个匹配信号。然后 OCF1x 在下一个定时器时钟置位。如果此时 OCIE1x=1，OCF1x 置位将引发输出比较中断。中断执行时 OCF1x 标志自动清零，或者通过软件在其相应的 I/O 位置写入逻辑 1 也可以清零。根据 WGM13:0 与 COM1x1:0 的不同设置，波形发生器用匹配信号生成不同的波形。波形发生器利用 TOP 和 BOTTOM 信号处理在某些模式下对极值的操作。输出比较单元 A 的一个特质是定义 T/C 的 TOP 值（即计数器的分辨率）。此外，TOP 值还用来定义通过波形发生器产生的波形的周期。寄存器与位上的小写 n 表示器件编号（n=1 表示 T/C1），x 表示输出比较单元（A/B）。当 T/C 工作在 12 种 PWM 模式中的任意一种时，OCR1x 寄存器为双缓冲寄存器；而在正常工作模式和匹配时清零模式（CTC）时双缓冲功能是禁止的。双缓冲可以实现 OCR1x 寄存器对 TOP 或 BOTTOM 的同步更新，防止产生不对称的 PWM 波形，消除毛刺。访问 OCR1x 寄存器看起来很复杂，其实不然。使能双缓冲功能时，CPU 访问的是 OCR1x 缓冲寄存器；禁止双缓冲功能时 CPU 访问的则是 OCR1x 本身。OCR1x（缓冲或比较）寄存器的内容只有写操作时才能被改变（T/C 不会自动将此寄存器更新为 TCNT1 或 ICR1 的内容），所以 OCR1x 不用通过 TEMP 读取。但是像其他 16 位寄存器一样首先读取低字节是一个好习惯。由于比较是连续进行的，因此在写 OCR1x 时必须通过 TEMP 寄存器来实现。首先需要写入的是高字节 OCR1xH。当 CPU 将数据写入高字节的 I/O 地址时，TEMP 寄存器的内容即得到更新，接下来写低字节 OCR1xL。与此同时，位于 TEMP 寄存器的高字节数据被拷贝到 OCR1x 缓冲器或是 OCR1x 比较寄存器。

（1）强制输出比较。

工作于非 PWM 模式时，可以通过对强制输出比较位 FOC1x 写 1 的方式来产生比较匹配。强制比较匹配不会置位 OCF1x 标志，也不会重载/清零定时器，但是 OC1x 引脚将被更新，好像真的发生了比较匹配一样（COMx1:0 决定 OC1x 是置位、清零，还是交替变化）。

（2）写 TCNT1 操作阻止比较匹配。

CPU 对 TCNT1 寄存器的写操作会阻止比较匹配的发生。这个特性可以用来将 OCR1x 初始化为与 TCNT1 相同的数值而不触发中断。

（3）使用输出比较单元。

由于在任意模式下写 TCNT1 都将在下一个定时器时钟周期里阻止比较匹配，在使用输出比较时改变 TCNT1 就会有风险，不管 T/C 是否在运行。若写入 TCNT1 的数值等于 OCR1x，比较匹配将被忽略，造成不正确的波形发生结果。在 PWM 模式下，当 TOP 为可变数值时，不要赋予 TCNT1 和 TOP 相等的数值。否则会丢失一次比较匹配，计数器也将计到 0xFFFF。类似地，在计数器进行降序计数时不要对 TCNT1 写入等于 BOTTOM 的数据。OC1x 的设置应该在设置数据方向寄存器之前完成。最简单的设置 OC1x 的方法是在普通模式下利用强制输出比较 FOC1x。即使在改变波形发生模式时 OC1x 寄存器也会一直保持它的数值。COM1x1:0 和比较数据都不是双缓冲的。COM1x1:0 的改变将立即生效。

7. 比较匹配输出单元

比较匹配模式控制位 COM1x1:0 具有双重功能。波形发生器利用 COM1x1:0 来确定下一次比较匹配发生时的输出比较 OC1x 状态；COM1x1:0 还控制 OC1x 引脚输出的来源。I/O 寄存器、I/O 位和 I/O 引脚以粗体表示。图中只给出了受 COM1x1:0 影响的通用 I/O 端口控制寄存器（DDR 和 PORT）。谈及 OC1x 状态时指的是内部 OC1x 寄存器，而不是 OC1x 引脚的状态。系统复位时 COM1x 寄存器复位为 0。只要 COM1x1:0 不全为零，波形发生器的输出比较功能就会重载 OC1x 的通用 I/O 口功能。但是 OC1x 引脚的方向仍旧受控于数据方向寄存器（DDR）。从 OC1x 引脚输出有效信号之前必须通过数据方向寄存器的 DDR_OC1x 将此引脚设置为输出。一般情况下功能重载与波形发生器的工作模式无关，但也有一些例外。输出比较逻辑的设计允许 OC1x 在输出之前首先进行初始化。要注意某些 COM1x1:0 设置在某些特定的工作模式下是保留的。COM1x1:0 不影响输入捕捉单元。

波形发生器利用 COM1x1:0 的方法在普通模式、CTC 模式和 PWM 模式下有所区别。对于所有的模式，设置 COM1x1:0=0 表明比较匹配发生时波形发生器不会操作 OC1x 寄存器。改变 COM1x1:0 将影响写入数据后的第一次比较匹配。对于非 PWM 模式，可以通过使用 FOC1x 来立即产生效果。

8. 工作模式

工作模式和输出比较引脚的行为由波形发生模式（WGM13:0）及比较输出模式（COM1x1:0）的控制位决定。比较输出模式对计数序列没有影响，而波形产生模式对计数序列则有影响。COM1x1:0 控制 PWM 输出是否为反极性。非 PWM 模式时 COM1x1:0 控制输出是否应该在比较匹配发生时置位、清零或是电平取反。

（1）普通模式。

普通模式（WGM13:0=0）为最简单的工作模式。在此模式下计数器不停地累加。计到最大值后（TOP=0xFFFF）由于数值溢出、计数器简单地返回到最小值 0x0000 后重新开始计数。在 TCNT1 为零的同一个定时器时钟里 T/C 溢出标志 TOV1 置位。此时 TOV1 有点像第 17 位，只是它只能置位，不会清零。但由于定时器中断服务程序能够自动清零 TOV1，因此可以通过软件提高定时器的分辨率。在普通模式下没有什么需要特殊考虑的，用户可以随时写入新的计数器数值。在普通模式下输入捕捉单元很容易使用。要注意的是外部事件的最大时间间隔不能超过计数器的分辨率。如果时间间隔太长，必须使用定时器溢出中断或预分频器来扩展输入捕捉单元的分辨率。输出比较单元可以用来产生中断。但是不推荐在普通模式下利用输出比较来产生波形，因为会占用太多的 CPU 时间。

（2）CTC（比较匹配时清零定时器）模式。

在 CTC 模式（WGM13:0=4 或 12）里 OCR1A 或 ICR1 寄存器用于调节计数器的分辨率。当计数器的数值 TCNT1 等于 OCR1A（WGM13:0=4）或等于 ICR1（WGM13:0=12）时计数器清零。OCR1A 或 ICR1 定义了计数器的 TOP 值，亦即计数器的分辨率。这个模式使得用户可以很容易地控制比较匹配输出的频率，也简化了外部事件计数的操作。计数器数值 TCNT1 一直累加到 TCNT1 与 OCR1A 或 ICR1 匹配，然后 TCNT1 清零。利用 OCF1A 或 ICF1 标志可以在计数器数值达到 TOP 时产生中断。在中断服务程序里可以更新 TOP 的数值。由于 CTC 模式没有双缓冲功能，在计数器以无预分频器或很低的预分频器工作的时候，将 TOP 更改为接近 BOTTOM 的数值时要小心。如果写入的 OCR1A 或 ICR1 的数值小于当前 TCNT1 的数值，计数器将丢失一次比较匹配。在下一次比较匹配发生之前，计数器不得不先计数到最大值 0xFFFF，然后再从 0x0000 开始计数到 OCR1A 或 ICR1。在许多情况下，这一特性并非我们所希望的。替代的方法是使用快速 PWM 模式，该模式使用 OCR1A 定义 TOP 值（WGM13:0=15），因为此时 OCR1A 为双缓冲。为了在 CTC 模式下得到波形输出，可以设置 OC1A 在每次比较匹配发生时改变逻辑电平。这可以通过设置 COM1A1:0=1 来完成。在期望获得 OC1A 输出之前，首先要将其端口设置为输出（DDR_OC1A=1）。波形发生器能够产生的最大频率为 $f_{OC2}=f_{clk\_I/O}/2$（OCR1A=0x0000）。频率由如下公式确定：

$$f_{OC1A} = \frac{f_{clk\_I/O}}{2 \cdot N \cdot (1 + OCRnA)}$$

变量 N 代表预分频因子（1、8、64、256 或 1024）。

（3）快速 PWM 模式。

快速 PWM 模式（WGM13:0=5、6、7、14 或 15）可用来产生高频的 PWM 波形。快速 PWM 模式与其他 PWM 模式的不同之处是其单边斜坡工作方式。计数器从 BOTTOM 计到 TOP，然后立即回到 BOTTOM 重新开始。对于普通的比较输出模式，输出比较引脚 OC1x 在 TCNT1 与 OCR1x 匹配时置位，在 TOP 时清零；对于反向比较输出模式，OCR1x 的动作正好相反。由于使用了单边斜坡模式，快速 PWM 模式的工作频率比使用双斜坡的相位修正 PWM 模式高一倍。此高频操作特性使得快速 PWM 模式十分适合于功率调节、整流和 DAC 应用。高频可以减小外部元器件（电感、电容）的物理尺寸，从而降低系统成本。工作于快速 PWM 模式时，PWM 分辨率可固定为 8、9 或 10 位，也可由 ICR1 或 OCR1A 定义。最小分辨率为 2 比特（ICR1 或 OCR1A 设为 0x0003），最大分辨率为 16 位（ICR1 或 OCR1A 设为 MAX）。PWM 分辨率位数可用下式计算：

$$R_{FPWM} = \frac{\log(TOP + 1)}{\log(2)}$$

工作于快速 PWM 模式时，计数器的数值一直累加到固定数值 0x00FF、0x01FF、0x03FF（WGM13:0=5、6 或 7）、ICR1（WGM13:0=14）或 OCR1A（WGM13:0=15），然后在后面的一个时钟周期清零。比较匹配后 OC1x 中断标志置位。计时器数值达到 TOP 时 T/C 溢出标志 TOV1 置位。另外若 TOP 值是由 OCR1A 或 ICR1 定义的，则 OC1A 或 ICF1 标志将与 TOV1 在同一个时钟周期置位。如果中断使能，可以在中断服务程序里来更新 TOP 以及比较数据。改变 TOP 值时必须保证新的 TOP 值不小于所有比较寄存器的数值，否则 TCNT1 与 OCR1x 不会出现比较匹配。使用固定的 TOP 值时，向任意 OCR1x 寄存器写入数据时未使用的位将屏蔽为 0。定义 TOP 值时更新 ICR1 与 OCR1A 的步骤是不同的。ICR1 寄存器不是双缓冲寄存器。这意味着当计数器以无预分频器或很低的预分频工作的时候，给 ICR1 赋予一个小的数值时存在着新写入的 ICR1 数值比 TCNT1 当前值小的危险。结果是计数器将丢失一次比较匹配。在下一次比较匹配发生之前，计数器不得不先计数到最大值 0xFFFF，然后再从 0x0000 开始计数，直到比较匹配出现。而 OCR1A 寄存器则是双缓冲寄存器。这一特性决定 OCR1A 可以随时写入，写入的数据被放入 OCR1A 缓冲寄存器。在 TCNT1 与 TOP 匹配后的下一个时钟周期，OCR1A 比较寄存器的内容被缓冲寄存器的数据所更新。在同一个时钟周期 TCNT1 被清零，而 TOV1 标志被设置。使用固定 TOP 值时最好使用 ICR1 寄存器定义 TOP，这样 OCR1A 就可以用于在 OC1A 输出 PWM 波。但是，如果 PWM 基频不断变化（通过改变 TOP 值），OCR1A 的双缓冲特性使其更适合于这个应用。工作于快速 PWM 模式时，比较单元可以在 OC1x 引脚上输出 PWM 波形。设置 COM1x1:0 为 2 可以产生普通的 PWM 信号；为 3 则可以产生反向 PWM 波形。此外，要真正从物理引脚上输出信号还必须将 OC1x 的数据方向 DDR_OC1x 设置为输出。产生 PWM 波形的机理是 OC1x 寄存器在 OCR1x 与 TCNT1 匹配时置位（或清零），以及在计数器清零（从 TOP 变为 BOTTOM）的那一个定时器时钟周期清零（或置位）。输出的 PWM 频率可以通过如下公式计算得到：

$$f_{OCnPWM} = \frac{f_{clk\_I/O}}{N(1 + TOP)}$$

变量 N 代表分频因子（1、8、64、256 或 1024）。

　　OCR1x 寄存器为极限值时说明了快速 PWM 模式的一些特殊情况。若 OCR1x 等于 BOTTOM（0x0000），输出为出现在第 TOP+1 个定时器时钟周期的窄脉冲；OCR1x 为 TOP 时，根据 COM1x1:0 的设定，输出恒为高电平或低电平。通过设定 OC1A 在比较匹配时进行逻辑电平取反（COM1A1:0=1），可以得到占空比为 50% 的周期信号。这只适用于 OCR1A 用来定义 TOP 值的情况（WGM13:0=15）。OCR1A 为 0（0x0000）时信号有最高频率 $f_{OC2}=f_{clk\_I/O}/2$。这个特性类似于 CTC 模式下的 OC1A 取反操作，不同之处在于快速 PWM 模式具有双缓冲。

　　（4）相位修正 PWM 模式。

　　此模式提供了一种相位准确的 PWM 波形的获取方法。与相位和频率修正模式类似，此模式基于双斜坡操作。计时器重复地从 BOTTOM 计到 TOP，然后又从 TOP 倒退回到 BOTTOM。在一般的比较输出模式下，当计时器往 TOP 计数时，若 TCNT1 与 OCR1x 匹配，OC1x 将清零为低电平；而在计时器往 BOTTOM 计数时，若 TCNT1 与 OCR1x 匹配，OC1x 将置位为高电平。工作于反向比较输出时则正好相反。与单斜坡操作相比，双斜坡操作可获得的最大频率要小。但其对称特性十分适合于电机控制。相位修正 PWM 模式的 PWM 分辨率固定为 8、9 或 10 位，或由 ICR1 或 OCR1A 定义。最小分辨率为 2 比特（ICR1 或 OCR1A 设为 0x0003），最大分辨率为 16 位（ICR1 或 OCR1A 设为 MAX）。PWM 分辨率位数可用下式计算：

$$R_{PCPWM} = \frac{\log(TOP + 1)}{\log(2)}$$

　　工作于相位修正 PWM 模式时，计数器的数值一直累加到固定值 0x00FF、0x01FF、0x03FF（WGM13:0=1、2 或 3）、ICR1（WGM13:0=10）或 OCR1A（WGM13:0=11），然后改变计数方向。

在一个定时器时钟里 TCNT1 值等于 TOP 值。计时器数值达到 BOTTOM 时 T/C 溢出标志 TOV1 置位。若 TOP 由 OCR1A 或 ICR1 定义，在 OCR1x 寄存器通过双缓冲方式得到更新的同一个时钟周期里 OC1A 或 ICF1 标志置位。标志置位后即可产生中断。改变 TOP 值时必须保证新的 TOP 值不小于所有比较寄存器的数值，否则 TCNT1 与 OCR1x 不会出现比较匹配。使用固定的 TOP 值时，向任意 OCR1x 寄存器写入数据时未使用的位将屏蔽为 0。在第三个周期中，在 T/C 运行于相位修正模式时改变 TOP 值导致了不对称输出。其原因在于 OCR1x 寄存器的更新时间。由于 OCR1x 的更新时刻为定时器/计数器达到 TOP 之时，因此 PWM 的循环周期起始于此，也终止于此。就是说，下降斜坡的长度取决于上一个 TOP 值，而上升斜坡的长度取决于新的 TOP 值。若这两个值不同，一个周期内两个斜坡长度不同，输出也就不对称了。若要在 T/C 运行时改变 TOP 值，最好用相位与频率修正模式代替相位修正模式。若 TOP 保持不变，那么这两种工作模式实际没有区别。工作于相位修正 PWM 模式时，比较单元可以在 OC1x 引脚输出 PWM 波形。设置 COM1x1:0 为 2 可以产生普通的 PWM，设置 COM1x1:0 为 3 可以产生反向 PWM。要真正从物理引脚上输出信号还必须将 OC1x 的数据方向 DDR_OC1x 设置为输出。OCR1x 和 TCNT1 比较匹配发生时 OC1x 寄存器将产生相应的清零或置位操作，从而产生 PWM 波形。工作于相位修正模式时 PWM 频率可由如下公式获得：

$$f_{OCnxPCPWM} = \frac{f_{clk\_I/O}}{2 \cdot N \cdot TOP}$$

变量 N 表示预分频因子（1、8、64、256 或 1024）。

OCR1x 寄存器处于极值时表明了相位修正 PWM 模式的一些特殊情况。在普通 PWM 模式下，若 OCR1x 等于 BOTTOM，输出一直保持为低电平；若 OCR1x 等于 TOP，输出则保持为高电平。反向 PWM 模式正好相反。如果 OCR1A 用来定义 TOP 值（WGM13:0=11）且 COM1A1:0=1，OC1A 输出占空比为 50% 的周期信号。

（5）相位与频率修正 PWM 模式。

相位与频率修正 PWM 模式（WGM13:0=8 或 9）（以下简称相频修正 PWM 模式）可以产生高精度的、相位与频率都准确的 PWM 波形。与相位修正模式类似，相频修正 PWM 模式基于双斜坡操作。计时器重复地从 BOTTOM 计到 TOP，然后又从 TOP 倒退回到 BOTTOM。在一般的比较输出模式下，当计时器往 TOP 计数时，若 TCNT1 与 OCR1x 匹配，OC1x 将清零为低电平；而在计时器往 BOTTOM 计数时 TCNT1 与 OCR1x 匹配，OC1x 将置位为高电平。工作于反向输出比较时则正好相反。与单斜坡操作相比，双斜坡操作可获得的最大频率要小。但其对称特性十分适合于电机控制。相频修正 PWM 模式与相位修正 PWM 模式的主要区别在于 OCR1x 寄存器的更新时间，相频修正 PWM 模式的 PWM 分辨率可由 ICR1 或 OCR1A 定义。最小分辨率为 2 比特（ICR1 或 OCR1A 设为 0x0003），最大分辨率为 16 位（ICR1 或 OCR1A 设为 MAX）。PWM 分辨率位数可用下式计算：

$$R_{PFCPWM} = \frac{\log(TOP+1)}{\log(2)}$$

工作于相频修正 PWM 模式时，计数器的数值一直累加到 ICR1（WGM13:0=8）或 OCR1A（WGM13:0=9），然后改变计数方向。在一个定时器时钟里 TCNT1 值等于 TOP 值。比较匹配发生时，OC1x 中断标志将被置位。在 OCR1x 寄存器通过双缓冲方式得到更新的同一个时钟周期里，T/C 溢出标志 TOV1 置位。若 TOP 由 OCR1A 或 ICR1 定义，则当 TCNT1 达到 TOP 值时 OC1A 或 CF1 置位。这些中断标志位可用来在每次计数器达到 TOP 或 BOTTOM 时产生中断。改变 TOP 值时必须保证新的 TOP 值不小于所有比较寄存器的数值。否则 TCNT1 与 OCR1x 不会产生比较匹配。与相位修正模式形成对照的是，相频修正 PWM 模式生成的输出在所有的周期中均为对称信号。这是由于 OCR1x 在 BOTTOM 得到更新，上升与下降斜坡长度始终相等，因此输出脉冲为对称的，确保了频率是正确的。使用固定 TOP 值时最好使用 ICR1 寄存器定义 TOP，这样 OCR1A 就可以用于在 OC1A 输出 PWM 波。但是，如果 PWM 基频不断变化（通过改变 TOP 值），OCR1A 的双缓冲特性使其更适合于这个应用。工作于相频修正 PWM 模式时，比较单元可以在 OC1x 引脚上输出 PWM 波形。设置 COM1x1:0 为 2 可以产生普通的 PWM 信号，为 3 则可以产生反向 PWM 波形。要想真正输出信号还必须将 OC1x 的数据方向设置为输出。产生 PWM 波形的机理是 OC1x 寄存器在 OCR1x 与升序计数的 TCNT1 匹配时置位（或清零），与降序计数的 TCNT1 匹配时清零（或置位）。输出的 PWM 频率可以通过如下公式计算得到：

$$f_{OCnxPFCPWM} = \frac{f_{clk\_I/O}}{2 \cdot N \cdot TOP}$$

变量 N 代表分频因子（1、8、64、256 或 1024）。

OCR1x 寄存器处于极值时说明了相频修正 PWM 模式的一些特殊情况。在普通 PWM 模式下，若 OCR1x 等于 BOTTOM，输出一直保持为低电平；若 OCR1x 等于 TOP，则输出保持为高电平。反向 PWM 模式则正好相反。如果 OCR1A 用来定义 TOP 值（WGM13:0=9）且 COM1A1:0=1，OC1A 输出占空比为 50%的周期信号。

9. 16 位定时器/计数器寄存器的说明

（1）T/C1 控制寄存器 A—TCCR1A。

定义如下：

Bit	7	6	5	4	3	2	1	0	
	COM1A1	COM1A0	COM1B1	COM1B0	FOC1A	FOC1B	WGM11	WGM10	TCCR1A
读/写	R/W	R/W	R/W	R/W	W	W	R/W	R/W	
初始值	0	0	0	0	0	0	0	0	

- Bit 7，6 – COM1A1:0：通道 A 的比较输出模式。
- Bit 5，4 – COM1B1:0：通道 B 的比较输出模式。

COM1A1:0 与 COM1B1:0 分别控制 OC1A 与 OC1B 的状态。如果 COM1A1:0（COM1B1:0）的一位或两位被写入 1，OC1A（OC1B）输出功能将取代 I/O 端口功能。此时 OC1A（OC1B）相应的输出引脚数据方向控制必须置位以使能输出驱动器。OC1A（OC1B）与物理引脚相连时，COM1x1:0 的功能由 WGM13:0 的设置决定。

表 2-3-6 给出了当 WGM13:0 设置为普通模式与 CTC 模式（非 PWM）时 COM1x1:0 的功能定义。

表 2-3-6 比较输出模式，非 PWM 模式

COM01	COM00	说明
0	0	普通端口操作，非 OC1A/OC1B 功能
0	1	比较匹配时 OC1A/OC1B 电平取反
1	0	比较匹配时清零 OC1A/OC1B（输出低电平）
1	1	比较匹配时置位 OC1A/OC1B（输出高电平）

表 2-3-7 给出当 WGM13:0 设置为快速 PWM 模式时 COM1x1:0 的功能定义。

表 2-3-7 快速 PWM 模式

COM01	COM00	说明
0	0	普通端口操作，非 OC1A/OC1B 功能
0	1	WGM13:0 = 15：比较匹配时 OC1A 取反，OC1B 不占用物理引脚。WGM13:0 为其他值时为普通端口操作，非 OC1A/OC1B 功能
1	0	比较匹配时清零 OC1A/OC1B，OC1A/OC1B 在 TOP 时置位
1	1	比较匹配时置位 OC1A/OC1B，OC1A/OC1B 在 TOP 时清零

表 2-3-8 给出当 WGM13:0 设置为相位修正 PWM 模式或相频修正 PWM 模式时 COM1x1:0 的功能定义。

表 2-3-8 相位修正及相频修正 PWM 模式

COM01	COM00	说明
0	0	普通端口操作，非 OC1A/OC1B 功能
0	1	WGM13:0 = 9 或 14：比较匹配时 OC1A 取反，OC1B 不占用物理引脚。WGM13:0 为其他值时为普通端口操作，非 OC1A/OC1B 功能
1	0	升序计数时比较匹配将清零 OC1A/OC1B，降序计数时比较匹配将置位 OC1A/OC1B
1	1	升序计数时比较匹配将置位 OC1A/OC1B，降序计数时比较匹配将清零 OC1A/OC1B

- Bit 3–FOC1A：通道 A 强制输出比较。
- Bit 2–FOC1B：通道 B 强制输出比较。

FOC1A/FOC1B 只有当 WGM13:0 指定为非 PWM 模式时被激活。为与未来器件兼容，工作在 PWM 模式下对 TCCR1A 写入时，这两位必须清零。当 FOC1A/FOC1B 位置 1，立即强制波形产生单元进行比较匹配。COM1x1:0 的设置改变 OC1A/OC1B 的输出。注意 FOC1A/FOC1B 位作为选通信号，COM1x1:0 位的值决定强制比较的效果。在 CTC 模式下使用 OCR1A 作为 TOP 值，FOC1A/FOC1B 选通既不会产生中断也不好清除定时器。FOC1A/FOC1B 位总是读为 0。

- Bit 1:0–WGM11:0：波形发生模式。

这两位与位于 TCCR1B 寄存器的 WGM13:2 相结合，用于控制计数器的计数序列，计数器计数的上限值和确定波形发生器的工作模式，如表 2-3-9 所示。T/C 支持的工作模式有：普通模式（计数器），比较匹配时清零定时器（CTC）模式，及三种脉宽调制（PWM）模式。

表 2-3-9 波形产生模式

模式	WGM13	WGM12 (CTC1)	WGM11 (PWM11)	WGM10 (PWM10)	定时器/计数器工作模式	计数上限值 TOP	OCR1x 更新时刻	TOV1 置位时刻
0	0	0	0	0	普通模式	0xFFFF	立即更新	MAX
1	0	0	0	1	8 位相位修正 PWM	0x00FF	TOP	BOTTOM

续表

模式	WGM13	WGM12 (CTC1)	WGM11 (PWM11)	WGM10 (PWM10)	定时器/计数器 工作模式	计数上 限值 TOP	OCR1x 更 新时刻	TOV1 置 位时刻
2	0	0	1	0	9 位相位修正 PWM	0x01FF	TOP	BOTTOM
3	0	0	1	1	10 位相位修正 PWM	0x03FF	TOP	BOTTOM
4	0	1	0	0	CTC	OCR1A	立即更新	MAX
5	0	1	0	1	8 位快速 PWM	0x00FF	TOP	TOP
6	0	1	1	0	9 位快速 PWM	0x01FF	TOP	TOP
7	0	1	1	1	10 位快速 PWM	0x03FF	TOP	TOP
8	1	0	0	0	相位与频率修正 PWM	ICR1	BOTTOM	BOTTOM
9	1	0	0	1	相位与频率修正 PWM	OCR1A	BOTTOM	BOTTOM
10	1	0	1	0	相位修正 PWM	ICR1	TOP	BOTTOM
11	1	0	1	1	相位修正 PWM	OCR1A	TOP	BOTTOM
12	1	1	0	0	CTC	ICR1	立即更新 MAX	ICR1
13	1	1	0	1	保留	—	—	—
14	1	1	1	0	快速 PWM	ICR1	TOP	TOP
15	1	1	1	1	快速 PWM	OCR1A	TOP	TOP

（2）T/C1 控制寄存器 B－TCCR1B。

定义如下：

Bit	7	6	5	4	3	2	1	0	
	ICNC1	ICES1	—	WGM13	WGM12	CS12	CS11	CS10	TCCR1B
读/写	R/W	R/W	R	R/W	R/W	R/W	R/W	R/W	
初始值	0	0	0	0	0	0	0	0	

● Bit 7–ICNC1：输入捕捉噪声抑制器。

置位 ICNC1 将使能输入捕捉噪声抑制功能。此时外部引脚 ICP1 的输入被滤波。其作用是从 ICP1 引脚连续进行 4 次采样。如果 4 个采样值都相等，那么信号送入边沿检测器。因此使能该功能使得输入捕捉被延迟了 4 个时钟周期。

● Bit 6–ICES1：输入捕捉触发沿选择。

该位选择使用 ICP1 上的哪个边沿触发捕获事件。ICES1 为 0 选择的是下降沿触发输入捕捉，ICES1 为 1 选择的是逻辑电平的上升沿触发输入捕捉。按照 ICES1 的设置捕获到一个事件后，计数器的数值被复制到 ICR1 寄存器，捕获事件还会置位 ICF1。如果此时中断使能，输入捕捉事件即被触发。当 ICR1 用作 TOP 值时，ICP1 与输入捕捉功能脱开，从而输入捕捉功能被禁用。

● Bit 5–保留位。

该位保留。为保证与将来器件的兼容性，写 TCCR1B 时，该位必须写入 0。

- Bit 4，3–WGM13:2：波形发生模式。
- Bit 2～0–CS12:0：时钟选择。

这 3 位用于选择 T/C 的时钟源，如表 2-3-10 所示。

表 2-3-10　时钟选择位描述

CS12	CS11	CS10	说明
0	0	0	无时钟源
0	0	1	clk_I/O/1
0	1	0	clk_I/O/8
0	1	1	clk_I/O/64
1	0	0	clk_I/O/256
1	0	1	clk_I/O/1024
1	1	0	外部 T1
1	1	1	外部 T1

（3）T/C1－TCNT1H 与 TCNT1L。

定义如下：

Bit	7	6	5	4	3	2	1	0	
				TCNT1[15～8]					TCNT1H
				TCNT1[7～0]					TCNT1L
读/写	R/W	R/W	R/W	R/W	R/W	R/W	R/W	R/W	
初始值	0	0	0	0	0	0	0	0	

　　TCNT1H 与 TCNT1L 组成了 T/C1 的数据寄存器 TCNT1。通过它们可以直接对定时器/计数器单元的 16 位计数器进行读写访问。为保证 CPU 对高字节与低字节的同时读写，必须使用一个 8 位临时高字节寄存器 TEMP。TEMP 是所有的 16 位寄存器共用的，在计数器运行期间修改 TCNT1 的内容有可能丢失一次 TCNT1 与 OCR1x 的比较匹配操作。写 TCNT1 寄存器将在下一个定时器周期阻塞比较匹配。

（4）输出比较寄存器 1A－OCR1AH 与 OCR1AL。

定义如下：

Bit	7	6	5	4	3	2	1	0	
				OCR1A[15～8]					OCR1AH
				OCR1A[7～0]					OCR1AL
读/写	R/W	R/W	R/W	R/W	R/W	R/W	R/W	R/W	
初始值	0	0	0	0	0	0	0	0	

（5）输出比较寄存器 1B－OCR1BH 与 OCR1BL。

定义如下：

Bit	7	6	5	4	3	2	1	0	
				OCR1B[15～8]					OCR1BH
				OCR1B[7～0]					OCR1BL
读/写	R/W	R/W	R/W	R/W	R/W	R/W	R/W	R/W	
初始值	0	0	0	0	0	0	0	0	

该寄存器中的 16 位数据与 TCNT1 寄存器中的计数值进行连续的比较，一旦数据匹配，将产生一个输出比较中断，或改变 OC1x 的输出逻辑电平。输出比较寄存器长度为 16 位。为保证 CPU 对高字节与低字节的同时读写，必须使用一个 8 位临时高字节寄存器 TEMP。TEMP 是所有的 16 位寄存器共用的。

（6）输入捕捉寄存器 1—ICR1H 与 ICR1L。

定义如下：

Bit	7	6	5	4	3	2	1	0	
				ICR1[15～8]					ICR1H
				ICR1[7～0]					ICR1L
读/写	R/W	R/W	R/W	R/W	R/W	R/W	R/W	R/W	
初始值	0	0	0	0	0	0	0	0	

当外部引脚 ICP1（或 T/C1 的模拟比较器）有输入捕捉触发信号产生时，计数器 TCNT1 中的值写入 ICR1 中。ICR1 的设定值可作为计数器的 TOP 值。输入捕捉寄存器长度为 16 位。为保证 CPU 对高字节与低字节的同时读写，必须使用一个 8 位临时高字节寄存器 TEMP。TEMP 是所有的 16 位寄存器共用的。

（7）T/C1 中断屏蔽寄存器—TIMSK。

定义如下：

Bit	7	6	5	4	3	2	1	0	
	OCIE2	TOIE2	TICIE1	OCIE1A	OCIE1B	TOIE1	OCIE0	TOIE0	TIMSK
读/写	R/W	R/W	R	R/W	R/W	R/W	R/W	R/W	
初始值	0	0	0	0	0	0	0	0	

- Bit 5–TICIE1：T/C1 输入捕捉中断使能。

当该位被设为 1，且状态寄存器中的 I 位被设为 1 时，T/C1 的输入捕捉中断使能。一旦 TIFR 的 ICF1 置位，CPU 即开始执行 T/C1 输入捕捉中断服务程序。

- Bit 4–OCIE1A：输出比较 A 匹配中断使能。

当该位被设为 1，且状态寄存器中的 I 位被设为 1 时，T/C1 的输出比较 A 匹配中断使能。一旦 TIFR 上的 OCF1A 置位，CPU 即开始执行 T/C1 输出比较 A 匹配中断服务程序。

- Bit 3–OCIE1B：T/C1 输出比较 B 匹配中断使能

当该位被设为 1，且状态寄存器中的 I 位被设为 1 时，使能 T/C1 的输出比较 B 匹配中断使能。一旦 TIFR 上的 OCF1B 置位，CPU 即开始执行 T/C1 输出比较 B 匹配中断服务程序。

● Bit 2–TOIE1：T/C1 溢出中断使能。

当该位被设为 1，且状态寄存器中的 I 位被设为 1 时，T/C1 的溢出中断使能。一旦 TIFR 上的 TOV1 置位，CPU 即开始执行 T/C1 溢出中断服务程序。

（8）T/C 中断标志寄存器－TIFR。

定义如下：

Bit	7	6	5	4	3	2	1	0	
	OCF2	TOV2	ICF1	OCF1A	OCF1B	TOV1	OCF0	TOV0	TIFR
读/写	R/W	R/W	R	R/W	R/W	R/W	R/W	R/W	
初始值	0	0	0	0	0	0	0	0	

● Bit 5–ICF1：T/C1 输入捕捉标志位。

外部引脚 ICP1 出现捕捉事件时 ICF1 置位。此外，当 ICR1 作为计数器的 TOP 值时，一旦计数器值达到 TOP，ICF1 也置位。执行输入捕捉中断服务程序时 ICF1 自动清零。也可以对其写入逻辑 1 来清除该标志位。

● Bit 4–OCF1A：T/C1 输出比较 A 匹配标志位。

当 TCNT1 与 OCR1A 匹配成功时，该位被设为 1。强制输出比较（FOC1A）不会置位 OCF1A。执行强制输出比较匹配 A 中断服务程序时，OCF1A 自动清零。也可以对其写入逻辑 1 来清除该标志位。

● Bit 3–OCF1B：T/C1 输出比较 B 匹配标志位。

当 TCNT1 与 OCR1B 匹配成功时，该位被设为 1。强制输出比较（FOC1B）不会置位 OCF1B。执行强制输出比较匹配 B 中断服务程序时，OCF1B 自动清零。也可以对其写入逻辑 1 来清除该标志位。

● Bit 2–TOV1：T/C1 溢出标志。

该位的设置与 T/C1 的工作方式有关。工作于普通模式和 CTC 模式时，T/C1 溢出时 TOV1 置位。执行溢出中断服务程序时 OCF1A 自动清零。也可以对其写入逻辑 1 来清除该标志位。

3.2.4 8 位有 PWM 与异步操作的定时器/计数器 2

1. 综述

（1）特点。

T/C2 是一个通用单通道 8 位定时/计数器，其主要特点如下：

● 单通道计数器。
● 比较匹配时清零定时器（自动重载）。
● 无干扰脉冲，相位正确的脉宽调制器（PWM）。
● 频率发生器。
● 10 位时钟预分频器。
● 溢出与比较匹配中断源（TOV2 与 OCF2）。
● 允许使用外部的 32kHz 手表晶振作为独立的 I/O 时钟源。

（2）寄存器。

定时器/计数器 TCNT2、输出比较寄存器 OCR2 为 8 位寄存器。中断请求信号在定时器中断标志寄存器 TIFR 中有反映。所有中断都可以通过定时器中断屏蔽寄存器 TIMSK 单独进行屏蔽。T/C

的时钟可以为通过预分频器的内部时钟或通过由 TOSC1/2 引脚接入的异步时钟，异步操作由异步状态寄存器 ASSR 控制。时钟选择逻辑模块控制引起 T/C 计数值增加（或减少）的时钟源。没有选择时钟源时 T/C 处于停止状态。时钟选择逻辑模块的输出称为 clkT2。双缓冲的输出比较寄存器 OCR2 一直与 TCNT2 的数值进行比较。波形发生器利用比较结果产生 PWM 波形或在比较输出引脚 OC2 输出可变频率的信号。比较匹配结果还会置位比较匹配标志 OCF2，用来产生输出比较中断请求。

2. T/C 的时钟源

T/C2 可以由内部同步时钟或外部异步时钟驱动。clkT2 的缺省设置为 MCU 时钟 clk_I/O。当 ASSR 寄存器的 AS2 置位时，时钟源来自于 TOSC1 和 TOSC2 连接的振荡器。

3. 计数器单元

8 位 T/C 的主要部分为可编程的双向计数单元。根据不同的工作模式，计数器针对每一个 clkT2 实现清零、加一或减一操作。clkT2 可以由内部时钟源或外部时钟源产生，具体由时钟选择位 CS22:0 确定。没有选择时钟源时（CS22:0=0）定时器停止。但是不管有没有 clkT2，CPU 都可以访问 TCNT2。CPU 写操作比计数器其他操作（清零、加减操作）的优先级高。计数序列由 T/C 控制寄存器（TCCR2）的 WGM21 和 WGM20 决定。计数器计数行为与输出比较 OC2 的波形有紧密的关系。T/C2 溢出中断标志 TOV2 根据 WGM21:0 设定的工作模式来设置。TOV2 可以用于产生 CPU 中断。

4. 输出比较单元

8 位比较器持续对 TCNT2 和输出比较匹配寄存器 OCR2 进行比较。一旦 TCNT2 等于 OCR2，比较器就给出匹配信号。在匹配发生的下一个定时器时钟周期里输出比较标志 OCF2 置位。若 OCIE2=1，还将引发输出比较中断。执行中断服务程序时 OCF2 将自动清零，也可以通过软件写 1 的方式进行清零。根据 WGM21:0 和 COM21:0 设定的不同工作模式，波形发生器可以利用匹配信号产生不同的波形。同时，波形发生器还利用 MAX 和 BOTTOM 信号来处理极值条件下的特殊情况。使用 PWM 模式时 OCR2 寄存器为双缓冲寄存器，而在正常工作模式和匹配时清零模式双缓冲功能是禁止的。双缓冲可以将更新 OCR2 寄存器与 TOP 或 BOTTOM 时刻同步起来，从而防止产生不对称的 PWM 脉冲，消除毛刺。访问 OCR2 寄存器看起来很复杂，其实不然。使能双缓冲功能时，CPU 访问的是 OCR2 缓冲寄存器；禁止双缓冲功能时 CPU 访问的则是 OCR2 本身。

（1）强制输出比较。

工作于非 PWM 模式时，可以对强制输出比较位 FOC2 写 1 来产生比较匹配。强制比较匹配不会置位 OCF2 标志，也不会重载/清零定时器，但是 OC2 引脚将被更新，好像真的发生了比较匹配一样（COM21:0 决定 OC2 是置位、清零，还是交替变化）。

（2）写 TCNT2 操作阻止比较匹配。

CPU 对 TCNT2 寄存器的写操作会在下一个定时器时钟周期阻止比较匹配的发生，即使此时定时器已经停止了。这个特性可以用来将 OCR2 初始化为与 TCNT2 相同的数值而不触发中断。

（3）使用输出比较单元。

由于在任意模式下写 TCNT2 都将在下一个定时器时钟周期里阻止比较匹配，在使用输出比较时改变 TCNT2 就会有风险，不管 T/C 是否在运行。如果写入的 TCNT2 的数值等于 OCR2，比较匹将被忽略，造成不正确的波形发生结果。类似地，在计数器进行降序计数时不要对 TCNT2 写入 BOTTOM。OC2 的设置应该在设置数据方向寄存器之前完成。最简单的设置 OC2 的方法是在普通模式下利用强制输出比较 FOC2。即使在改变波形发生模式时，OC2 寄存器也会一直保持它的数值。

注意 COM21:0 和比较数据都不是双缓冲的。COM21:0 的改变将立即生效。

5. 比较匹配输出单元

比较匹配模式控制位 COM21:0 具有双重功能。波形发生器利用 COM21:0 来确定下一次比较匹配发生时的输出比较状态（OC2）；COM21:0 还控制 OC2 引脚输出信号的来源。只要 COM21:0 的一个或两个置位，波形发生器的输出比较功能 OC2 就会取代通用 I/O 口功能。但是 OC2 引脚的方向仍然受控于数据方向寄存器（DDR）。在使用 OC2 功能之前首先要通过数据方向寄存器的 DDR_OC2 位将此引脚设置为输出。端口功能与波形发生器的工作模式无关。输出比较逻辑的设计允许 OC2 状态在输出之前首先进行初始化。要注意某些 COM21:0 设置保留给了其他操作类型。

6. 工作模式

工作模式和输出比较引脚的行为由波形发生模式（WGM21:0）及比较输出模式（COM21:0）的控制位决定。比较输出模式对计数序列没有影响，而波形产生模式对计数序列则有影响。COM21:0 控制 PWM 输出是否反极性。非 PWM 模式时 COM21:0 控制输出是否应该在比较匹配发生时置位、清零，或是电平取反。

（1）普通模式。

普通模式（WGM21:0=0）为最简单的工作模式，在此模式下计数器不停地累加。计到 8 比特的最大值后（TOP=0xFF），由于数值溢出计数器简单地返回到最小值 0x00 后重新开始计数。在 TCNT0 为零的同一个定时器时钟里 T/C 溢出标志 TOV2 置位。此时 TOV2 有点像第 9 位，只是它只能置位，不会清零。但由于定时器中断服务程序能够自动清零 TOV2，因此可以通过软件提高定时器的分辨率。在普通模式下没有什么需要特殊考虑的，用户可以随时写入新的计数器数值。输出比较单元可以用来产生中断。但是不推荐在普通模式下利用输出比较产生波形，因为会占用太多的 CPU 时间。

（2）CTC（比较匹配时清零定时器）模式。

在 CTC 模式（WGM21:0=2）里 OCR2 寄存器用于调节计数器的分辨率。当计数器的数值 TCNT2 等于 OCR2 时计数器清零。OCR2 定义了计数器的 TOP 值，亦即计数器的分辨率。这个模式使得用户可以很容易地控制比较匹配输出的频率，也简化了外部事件计数的操作。计数器数值 TCNT2 一直累加到 TCNT2 与 OCR2 匹配，然后 TCNT2 清零。利用 OCF2 标志可以在计数器数值达到 TOP 时即产生中断。在中断服务程序里可以更新 TOP 的数值。由于 CTC 模式没有双缓冲功能，在计数器以无预分频器或很低的预分频器工作的时候将 TOP 更改为接近 BOTTOM 的数值时要小心。如果写入 OCR2 的数值小于当前 TCNT2 的数值，计数器将丢失一次比较匹配。在下一次比较匹配发生之前，计数器不得不先计数到最大值 0xFF，然后再从 0x00 开始计数到 OCR2。为了在 CTC 模式下得到波形输出，可以设置 OC2 在每次比较匹配发生时改变逻辑电平。这可以通过设置 COM21:0=1 来完成。在期望获得 OC2 输出之前，首先要将其端口设置为输出。波形发生器能够产生的最大频率为 $f_{OC2}=f_{clk\_I/O}/2$（OCR2=0x00）。频率由如下公式确定：

$$f_{OCn} = \frac{f_{clk\_I/O}}{2 \cdot N \cdot (1 + OCRn)}$$

变量 N 代表预分频因子（1、8、32、64、128、256 或 1024）。

在普通模式下，TOV2 标志的置位发生在计数器从 MAX 变为 0x00 的定时器时钟周期。

（3）快速 PWM 模式。

快速 PWM 模式（WGM21:0=3）可用来产生高频的 PWM 波形。快速 PWM 模式与其他 PWM

模式的不同之处是其单边斜坡工作方式。计数器从 BOTTOM 计到 MAX，然后立即回到 BOTTOM 重新开始。对于普通的比较输出模式，输出比较引脚 OC2 在 TCNT2 与 OCR2 匹配时清零，在 BOTTOM 时置位；对于反向比较输出模式，OC2 的动作正好相反。由于使用了单边斜坡模式，快速 PWM 模式的工作频率比使用双斜坡的相位修正 PWM 模式高一倍。此高频操作特性使得快速 PWM 模式十分适合于功率调节、整流和 DAC 应用。高频可以减小外部元器件（电感、电容）的物理尺寸，从而降低系统成本。工作于快速 PWM 模式时，计数器的数值一直增加到 MAX，然后在后面的一个时钟周期清零。计时器数值达到 MAX 时 T/C 溢出标志 TOV2 置位。如果中断使能，在中断服务程序可以更新比较值。工作于快速 PWM 模式时，比较单元可以在 OC2 引脚上输出 PWM 波形。设置 COM21:0 为 2 可以产生普通的 PWM 信号，为 3 则可以产生反向 PWM 波形，要想在引脚上得到输出信号，还必须将 OC2 的数据方向设置为输出。产生 PWM 波形的机理是 OC2 寄存器在 OCR2 与 TCNT2 匹配时置位（或清零），以及在计数器清零（从 MAX 变为 BOTTOM）的那一个定时器时钟周期清零（或置位）。

输出的 PWM 频率可以通过如下公式计算得到：

$$f_{OCnPWM} = \frac{f_{clk\_I/O}}{N \cdot 256}$$

变量 N 代表分频因子（1、8、32、64、128、256 或 1024）。

OCR2 寄存器为极限值时表示快速 PWM 模式的一些特殊情况。若 OCR2A 等于 BOTTOM，输出为出现在第 MAX+1 个定时器时钟周期的窄脉冲；OCR2 为 MAX 时，根据 COM21:0 的设定，输出恒为高电平或低电平。通过设定 OC2 在比较匹配时进行逻辑电平取反（COM21:0=1），可以得到占空比为 50% 的周期信号。OCR2 为 0 时信号有最高频率 $f_{OC2}=f_{clk\_I/O}/2$。这个特性类似于 CTC 模式下的 OC2 取反操作，不同之处在于快速 PWM 模式具有双缓冲。

（4）相位修正 PWM 模式。

相位修正 PWM 模式（WGM21:0=1）为用户提供了一个获得高精度相位修正 PWM 波形的方法。此模式基于双斜坡操作。计时器重复地从 BOTTOM 计到 MAX，然后又从 MAX 倒退回到 BOTTOM。在一般的比较输出模式下，当计时器往 MAX 计数时若发生了 TCNT2 与 OCR2 的匹配，OC2 将清零为低电平；而在计时器往 BOTTOM 计数时，若发生了 TCNT2 与 OCR2 的匹配，OC2 将置位为高电平。工作于反向输出比较则正好相反。与单斜坡操作相比，双斜坡操作可获得的最大频率要小。但由于其对称的特性，十分适合于电机控制。相位修正 PWM 模式的 PWM 精度固定为 8 比特。计时器不断地累加，直到 MAX，然后开始减计数。在一个定时器时钟周期里 TCNT2 的值等于 MAX。当计时器达到 BOTTOM 时 T/C 溢出标志位 TOV2 置位。此标志位可用来产生中断。工作于相位修正 PWM 模式时，比较单元可以在 OC2 引脚产生 PWM 波形，将 COM21:0 设置为 2 产生普通相位的 PWM，设置 COM21:0 为 3 则产生反向 PWM 信号。要想在引脚上得到输出信号，还必须将 OC2 的数据方向设置为输出。OCR2 和 TCNT2 比较匹配发生时，OC2 寄存器将产生相应的清零或置位操作，从而产生 PWM 波形。工作于相位修正模式时，PWM 频率可由下式公式获得：

$$f_{OCnPCPWM} = \frac{f_{clk\_I/O}}{N \cdot 510}$$

变量 N 表示预分频因子（1、8、32、64、128、256 或 1024）。

OCR2 寄存器处于极值代表了相位修正 PWM 模式的一些特殊情况。在普通 PWM 模式下，若

OCR2 等于 BOTTOM，输出一直保持为低电平；若 OCR2 等于 MAX，则输出保持为高电平。反向 PWM 模式则正好相反。在第 2 个周期，虽然没有发生比较匹配，OCn 也出现了一个从高到低的跳变，其目的是保证波形在 BOTTOM 两侧的对称。没有比较匹配时 OCR2A 的值从 MAX 改变为其他数据时 OCn 也会发生跳变，表现在下面两种情况下：当 OCR2A 值为 MAX 时，引脚 OCn 的输出应该与前面降序计数比较匹配的结果相同，为了保证波形在 BOTTOM 两侧的对称，当 T/C 的数值为 MAX 时，引脚 OCn 的输出又必须符合后面升序计数比较匹配的结果，此时就出现了虽然没有比较匹配发生 OCn 却仍然有跳变的现象；另一种情况是定时器从一个比 OCR2A 大的值开始计数，并因而丢失了一次比较匹配，因此引入了没有比较匹配发生 OCn 却仍然有跳变的现象。

7. 8 位 T/C 寄存器说明

（1）T/C 控制寄存器－TCCR2。

定义如下：

Bit	7	6	5	4	3	2	1	0	
	FOC2	WGM20	COM21	COM20	WGM21	CS22	CS21	CS20	TCCR2
读/写	W	R/W	R	R/W	R/W	R/W	R/W	R/W	
初始值	0	0	0	0	0	0	0	0	

● Bit 7–FOC2：强制输出比较。

FOC2 仅在 WGM 指明非 PWM 模式时才有效。但是，为了保证与未来器件的兼容性，使用 PWM 时，写 TCCR2 要对其清零。写 1 后，波形发生器将立即进行比较操作。比较匹配输出引脚 OC2 将按照 COM21:0 的设置输出相应的电平。要注意 FOC2 类似一个锁存信号，真正对强制输出比较起作用的是 COM21:0 的设置。FOC2 不会引发任何中断，也不会在使用 OCR2 作为 TOP 的 CTC 模式下对定时器进行清零。读 FOC2 的返回值永远为 0。

● Bit 6～3–WGM21:0：波形产生模式。

这几位控制计数器的计数序列，计数器最大值 TOP 的来源，以及产生何种波形。T/C 支持的模式有：普通模式、比较匹配发生时清除计数器模式（CTC），以及两种 PWM 模式，如表 2-3-11 所示。

表 2-3-11 波形产生模式

模式	WGM21 (CTC2)	WGM20 (PWM2)	T/C2 的工作模式	TOP	OCR2 的更新时间	TOV2 的置位时刻
0	0	0	普通	0xFF	立即更新	MAX
1	0	1	相位修正 PWM	0xFF	TOP	BOTTOM
2	1	0	CTC	OCR2	立即更新	MAX
3	1	1	快速 PWM	0xFF	TOP	MAX

● Bit 5，4–COM21:0：比较匹配输出模式。

这些位决定了比较匹配发生时输出引脚 OC0 的电平。如果 COM01:0 中的一位或全部都置位，OC0 以比较匹配输出的方式进行工作。同时其方向控制位要设置为 1 以使能输出驱动。当 OC0 连接到物理引脚上时，COM01:0 的功能依赖于 WGM01:0 的设置。表 2-3-12 给出了当 WGM01:0 设置为普通模式或 CTC 模式时 COM01:0 的功能。

表 2-3-12　比较输出模式，非 PWM 模式

COM21	COM20	说明
0	0	正常的端口操作，不与 OC0 相连接
0	1	比较匹配发生时 OC0 取反
1	0	比较匹配发生时 OC0 清零
1	1	比较匹配发生时 OC0 置位

表 2-3-13 给出了当 WGM01:0 设置为快速 PWM 模式时 COM01:0 的功能。

表 2-3-13　快速 PWM 模式

COM21	COM20	说明
0	0	正常的端口操作，不与 OC0 相连接
0	1	保留
1	0	比较匹配发生时 OC0 清零，计数到 TOP 时 OC0 置位
1	1	比较匹配发生时 OC0 置位，计数到 TOP 时 OC0 清零

表 2-3-14 给出了当 WGM21:0 设置为相位修正 PWM 模式时 COM21:0 的功能。

表 2-3-14　相位修正 PWM 模式

COM21	COM20	说明
0	0	正常的端口操作，不与 OC2 相连接
0	1	保留
1	0	在升序计数时发生比较匹配将清零 OC2；降序计数时发生比较匹配将置位 OC2
1	1	在升序计数时发生比较匹配将置位 OC2；降序计数时发生比较匹配将清零 OC2

- Bit 2～0–CS22:0：时钟选择。

这三位时钟选择位用于选择 T/C 的时钟源，如表 2-3-15 所示。

表 2-3-15　时钟选择位定义

CS22	CS21	CS20	说明
0	0	0	无时钟
0	0	1	clkT2S/1
0	1	0	clkT2S/8
0	1	1	clkT2S/32
1	0	0	clkT2S/64
1	0	1	clkT2S/128
1	1	0	clkT2S/256
1	1	1	clkT2S/1024

（2）定时器/计数器寄存器—TCNT2。

定义如下：

Bit	7	6	5	4	3	2	1	0	
				TCNT2[7~0]					TCNT2
读/写	R/W	R/W	R	R/W	R/W	R/W	R/W	R/W	
初始值	0	0	0	0	0	0	0	0	

通过 T/C 寄存器可以直接对计数器的 8 位数据进行读写访问。对 TCNT2 寄存器的写访问将在下一个时钟周期阻止比较匹配。在计数器运行的过程中修改 TCNT2 的数值有可能丢失一次 TCNT2 和 OCR2 的比较匹配。

（3）输出比较寄存器—OCR2。

定义如下：

Bit	7	6	5	4	3	2	1	0	
				OCR2[7~0]					OCR2
读/写	R/W	R/W	R	R/W	R/W	R/W	R/W	R/W	
初始值	0	0	0	0	0	0	0	0	

输出比较寄存器包含一个 8 位的数据，不间断地与计数器数值 TCNT2 进行比较。匹配事件可以用来产生输出比较中断，或者用来在 OC2 引脚上产生波形。

8. 定时器/计数器的异步操作

（1）异步状态寄存器—ASSR。

定义如下：

Bit	7	6	5	4	3	2	1	0	
	−	−	−	−	AS2	TCN2UB	OCR2UB	TCR2UB	ASSR
读/写	R	R	R	R	R/W	R	R	R	
初始值	0	0	0	0	0	0	0	0	

● Bit 3–AS2：异步 T/C2。

AS2 为 0 时 T/C2 由 I/O 时钟 clk_I/O 驱动，AS2 为 1 时 T/C2 由连接到 TOSC1 引脚的晶体振荡器驱动。改变 AS2 有可能破坏 TCNT2、OCR2 与 TCCR2 的内容。

● Bit 2–TCN2UB：T/C2 更新中。

T/C2 工作于异步模式时，写 TCNT2 将引起 TCN2UB 置位。当 TCNT2 从暂存寄存器更新完毕后 TCN2UB 由硬件清零。TCN2UB 为 0 表明 TCNT2 可以写入新值了。

● Bit 1–OCR2UB：输出比较寄存器 2 更新中。

T/C2 工作于异步模式时，写 OCR2 将引起 OCR2UB 置位。当 OCR2 从暂存寄存器更新完毕后 OCR2UB 由硬件清零。OCR2UB 为 0 表明 OCR2 可以写入新值了。

● Bit 0–TCR2UB：T/C2 控制寄存器更新中。

T/C2 工作于异步模式时，写 TCCR2 将引起 TCR2UB 置位。当 TCCR2 从暂存寄存器更新完毕后 TCR2UB 由硬件清零。TCR2UB 为 0 表明 TCCR2 可以写入新值了。

如果在更新忙标志置位的时候写上述任何一个寄存器，都将引起数据的破坏，并引发不必要的中断。读取 TCNT2、OCR2 和 TCCR2 的机制是不同的。读取 TCNT2 得到的是实际的值，而 OCR2 和 TCCR2 则是从暂存寄存器中读取的。

（2）定时器/计数器 2 的异步操作。

T/C2 工作于异步模式时要考虑：在同步和异步模式之间的转换有可能造成 TCNT2、OCR2 和 TCCR2 数据的损毁。安全的步骤应该是：

● 清零 OCIE2 和 TOIE2 以关闭 T/C2 的中断。
● 设置 AS2 以选择合适的时钟源。
● 对 TCNT2、OCR2 和 TCCR2 写入新的数据。
● 切换到异步模式：等待 TCN2UB、OCR2UB 和 TCR2UB 清零。
● 清除 T/C2 的中断标志。
● 需要的话使能中断。

振荡器最好使用 32.768kHz 手表晶振。给 TOSC1 提供外部时钟，可能会造成 T/C2 工作错误。系统主时钟必须比晶振高 4 倍以上。写 TCNT2、OCR2 和 TCCR2 时数据首先送入暂存器，两个 TOSC1 时钟正跳变后才锁存到对应到的寄存器。在数据从暂存器写入目的寄存器之前不能执行新的数据写入操作。3 个寄存器具有各自独立的暂存器，因此写 TCNT2 并不会干扰 OCR2 的写操作。异步状态寄存器 ASSR 用来检查数据是否已经写入到目的寄存器。如果要用 T/C2 作为 MCU 省电模式或扩展 Standby 模式的唤醒条件，则在 TCNT2、OCR2A 和 TCCR2A 更新结束之前不能进入这些休眠模式，否则 MCU 可能会在 T/C2 设置生效之前进入休眠模式。这对于用 T/C2 的比较匹配中断唤醒 MCU 尤其重要，因为在更新 OCR2 或 TCNT2 时比较匹配是禁止的。如果在更新完成之前（OCR2UB 为 0）MCU 就进入了休眠模式，那么比较匹配中断永远不会发生，MCU 也永远无法唤醒了。如果要用 T/C2 作为省电模式或扩展 Standby 模式的唤醒条件，必须注意重新进入这些休眠模式的过程。中断逻辑需要一个 TOSC1 周期进行复位。如果从唤醒到重新进入休眠的时间小于一个 TOSC1 周期，中断将不再发生，器件也无法唤醒。如果用户怀疑自己的程序是否满足这一条件，可以采取如下方法：

● 对 TCCR2、TCNT2 或 OCR2 写入合适的数据。
● 等待 ASSR 相应的更新忙标志清零。
● 进入省电模式或扩展 Standby 模式。

若选择了异步工作模式，T/C2 的 32.768kHz 振荡器将一直工作，除非进入掉电模式或 Standby 模式。用户应该注意，此振荡器的稳定时间可能长达 1 秒钟。因此，建议用户在器件上电复位，或从掉电/Standby 模式唤醒时至少等待 1 秒钟后再使用 T/C2。同时，由于启动过程中时钟的不稳定性，唤醒时所有的 T/C2 寄存器的内容都可能不正确，不论使用的是晶体还是外部时钟信号，用户必须重新给这些寄存器赋值。使用异步时钟时省电模式或扩展 Standby 模式的唤醒过程：中断条件满足后，在下一个定时器时钟唤醒过程启动。也就是说，在处理器可以读取计数器的数值之前计数器至少又累加了一个时钟。唤醒后 MCU 停止 4 个时钟，接着执行中断服务程序。中断服务程序结束之后开始执行 SLEEP 语句之后的程序。从省电模式唤醒之后的短时间内读取 TCNT2 可能返回不正确的数据。因为 TCNT2 是由异步的 TOSC 时钟驱动的，而读取 TCNT2 必须通过一个与内部 I/O 时钟同步的寄存器来完成。同步发生于每个 TOSC1 的上升沿。从省电模式唤醒后，I/O 时钟重新激活，而读到的 TCNT2 数值为进入休眠模式前的值，直到下一个 TOSC1 上升沿的到来。从省电模式唤醒时 TOSC1 的相位是完全不可预测的，而且与唤醒时间有关。因此，读取 TCNT2 的推荐序列为：

- 写一个任意数值到 OCR2 或 TCCR2。
- 等待相应的更新忙标志清零。
- 读 TCNT2。

在异步模式下，中断标志的同步需要 3 个处理器周期加一个定时器周期。在处理器可以读取引起中断标志置位的计数器数值之前，计数器至少又累加了一个时钟。输出比较引脚的变化与定时器时钟同步，而不是处理器时钟。

（3）定时器/计数器中断屏蔽寄存器－TIMSK。

定义如下：

Bit	7	6	5	4	3	2	1	0	
	OCIE2	TOIE2	TICIE1	OCIE1A	OCIE1B	TOIE1	OCIE0	TOIE0	TIMSK
读/写	R/W	R/W	R/W	R/W	R/W	R/W	R/W	R/W	
初始值	0	0	0	0	0	0	0	0	

- Bit 7–OCIE2：T/C2 输出比较匹配中断使能。

当 OCIE2 和状态寄存器的全局中断使能位 I 都为 1 时，T/C2 的输出比较匹配 A 中断使能。当 T/C2 的比较匹配发生，即 TIFR 中的 OCF2 置位时，中断服务程序得以执行。

- Bit 6–TOIE2：T/C2 溢出中断使能。

当 TOIE2 和状态寄存器的全局中断使能位 I 都为 1 时，T/C2 的溢出中断使能。当 T/C2 发生溢出，即 TIFR 中的 TOV2 位置位时，中断服务程序得以执行。

（4）定时器/计数器中断标志寄存器－TIFR。

定义如下：

Bit	7	6	5	4	3	2	1	0	
	OCF2	TOV2	ICF1	OCF1A	OCF1B	TOV1	OCF0	TOV0	TIFR
读/写	R/W	R/W	R/W	R/W	R/W	R/W	R/W	R/W	
初始值	0	0	0	0	0	0	0	0	

- Bit 7–OCF2：输出比较标志 2。

当 T/C2 与 OCR2（输出比较寄存器 2）的值匹配时，OCF2 置位。此位在中断服务程序里硬件清零，也可以通过对其写 1 来清零。当 SREG 中的位 I、OCIE2 和 OCF2 都置位时，中断服务程序得到执行。

- Bit 6–TOV2：T/C2 溢出标志。

当 T/C2 溢出时，TOV2 置位。执行相应的中断服务程序时此位硬件清零。此外，TOV2 也可以通过写 1 来清零。当 SREG 中的位 I、TOIE2 和 TOV2 都置位时，中断服务程序得到执行。在 PWM 模式中，当 T/C2 在 0x00 改变计数方向时，TOV2 置位。

9. 定时器/计数器预分频器

T/C2 预分频器的输入时钟称为 clkT2S。clkT2S 与系统主时钟 clk_I/O 连接。若置位 ASSR 的 AS2，T/C2 将由引脚 TOSC1 异步驱动，使得 T/C2 可以作为一个实时时钟 RTC。此时 TOSC1 和 TOSC2 从端口 C 脱离，引脚上可外接一个时钟晶振（内部振荡器针对 32.768kHz 的钟表晶体进行了优化）。不推荐在 TOSC1 上直接施加外部时钟信号。T/C2 的可能预分频选项有：clkT2S/8、clkT2S/32、clkT2S/64、clkT2S/128、clkT2S/256 和 clkT2S/1024。此外还可以选择 clkT2S 和 0（停止工作）。置位 SFIOR 寄存器的 PSR2 将复位预分频器，从而允许用户从可预测的预分频器开始工作。

特殊功能 IO 寄存器－SFIOR。

定义如下：

Bit	7	6	5	4	3	2	1	0	
	ADTS2	ADTS1	ADTS0	–	ACME	PUD	PSR2	PSR10	SFIOR
读/写	R/W	R/W	R/W	R	R/W	R/W	R/W	R/W	
初始值	0	0	0	0	0	0	0	0	

● Bit 1–PSR2：预分频复位 T/C2。

当该位置 1 时，T/C2 预分频器复位。操作完成后，该位被硬件清零。该位写 0 无效。若内部 CPU 时钟作为 T/C2 时钟，该位读为 0。当 T/C2 工作在异步模式时，直到预分频器复位，该位一直保持为 1。

3.3　任务分析与实施

3.3.1　定时器 0 计时

1．任务构思

根据任务要求，PC 端口每隔 1s 进行移位流水显示。其根本工作原理是对一个脉冲系列信号进行计数。通常所谓的定时器，更多情况是指其计数脉冲信号来自芯片本身的内部。由于内部的计数脉冲信号的频率是固定的，因此大家可以根据需要设定具体脉冲计数的个数，进而得到我们需要的等间隔定时中断。

2．任务设计

T/C0 进行定时时，可以采用两种方式：查询方式和中断方式，本任务设计采用查询方式。

任务设计流程图如图 2-3-1 所示。

编写程序如下：

```
/******************************************
    File name:      定时器计时.c
    Chip type:      ATmega16
    Clock frequency: 8.0MHz
******************************************/
#include <iom16v.h>
#include <macros.h>
#define uchar unsigned char
#define uint unsigned int
flash uchar tab2[]={0x7F,0xBF,0xDF,0xEF,0xF7,0xFB,0xFD,0xFE,0xFD,0xFB,0xF7,0xEF,0xDF,0xBF,0x7F,0xff,};
uint i,k;
void main(void)
  {
    DDRC=0xFF;
    PORTC=0xFF;
    TCCR0=0x05;
```

```
        TCNT0=0x00;
        OCR0=0x00;
        TIMSK=0x00;
        #asm("sei")
        while(1)
         {
            for(i=0;i<16;i++)
                { PORTC=tab2[i];
                  for(k=30;k>0;k--)
                    {
                        while(!(TIFR&0x01));
                        {TIFR|=0x01;
                         TCNT0=0x00;}
                    }
                }
         }
       }
```

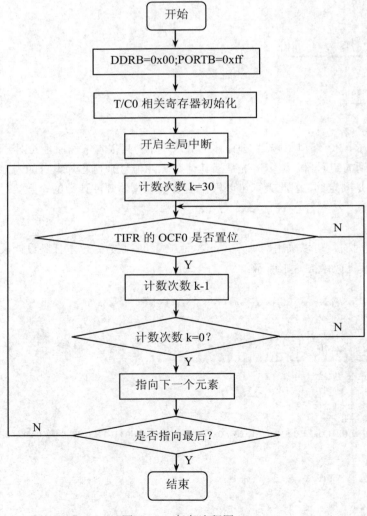

图 2-3-1   任务流程图

3. 任务实现

（1）原理图绘制。

根据样图将所需元器件放置在图纸上，通过移动、旋转、布线等操作完成整个原理图，如图 2-3-2 所示。

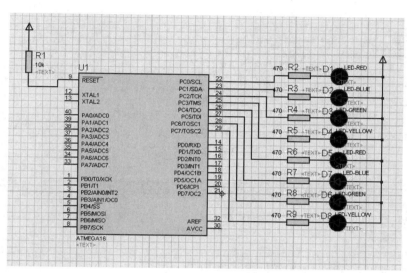

图 2-3-2　原理图

（2）生成网络表并进行电气检测。

选择 Tools→Netlist Compiler 命令，弹出如图 2-3-3 所示的对话框，在其中可以设置网络表的输出形式、模式等，此处不进行修改，单击 OK 按钮以默认方式输出如图 2-3-4 所示的内容。

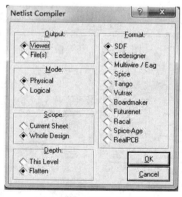

图 2-3-3　网络表设置

电路图画完并生成网络表后，可以进行电气检测，选择 Tools→Electrical Rule Check 命令，弹出如图 2-3-5 所示的电气检测窗口，从中可以看到无电气错误。

4. 任务运行

（1）载入。

打开 ATmega16 单片机的属性设置对话框，找到 Program File 选项，如图 2-3-6 所示。载入 ICCAVR 或 CodeVisionAVR 生成的 CHENGXU5.cof 文件或 CHENGXU5.hex 文件，如图 2-3-7 所示。

图 2-3-4　输出网络表

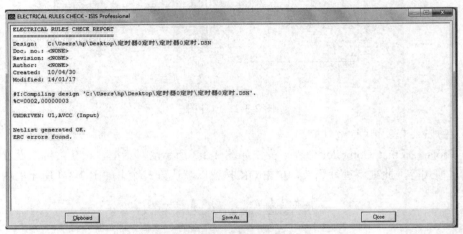

图 2-3-5　电气检测

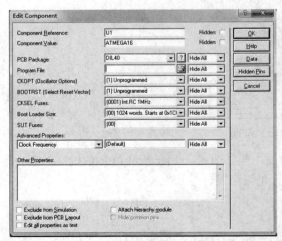

图 2-3-6　单片机属性设置

图 2-3-7　载入文件

（2）仿真。

单击 Proteus 的运行按钮，观察仿真现象，如图 2-3-8 和图 2-3-9 所示。

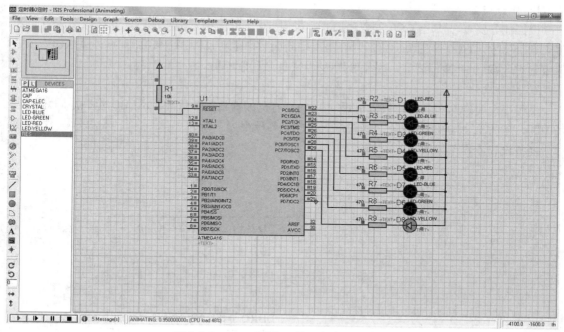

图 2-3-8　LED 间隔 1s 从下向上流动闪烁

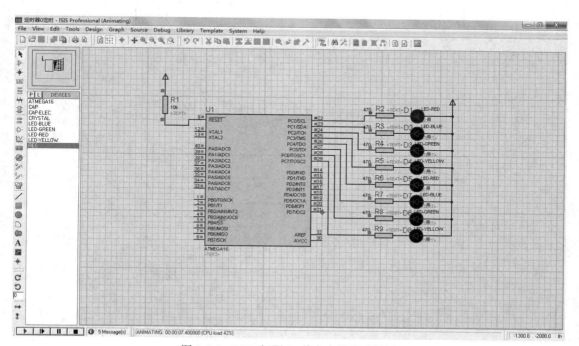

图 2-3-9　LED 间隔 1s 从上向下流动闪烁

3.3.2　定时器 0 计数

1. 任务构思

根据任务要求，使用 T/C0 的普通模式，采用 T0 上升沿触发来实现对外界脉冲个数的计数。每来一个脉冲，T/C0 产生溢出中断。在溢出中断服务中重新设置 TCNT0，并将计数值加 1，由于计数到 60 次时，计数值清零，因此选择两位 LED 数码管即可。

2. 任务设计

主程序中通过判断当前计数值是否等于 59，若是，则将计数值清零，LED 点亮，同时禁止全局中断，延时 1s 后，LED 发光二极管熄灭，同时开始全局中断。

任务设计流程图如图 2-3-10 所示。

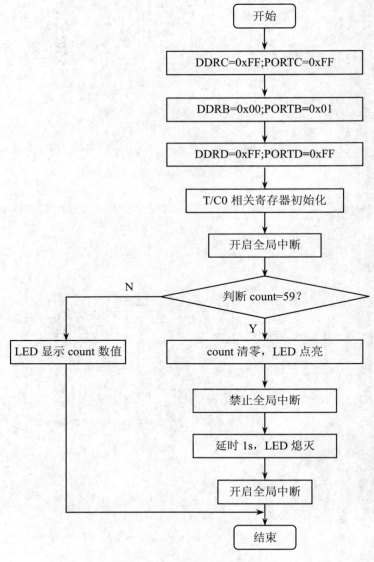

图 2-3-10　任务程序流程图

编写程序如下：

```
/*************************************************
File name:          定时器 0 计数.c
Chip type:          ATmega16
Clock frequency:    8.0MHz
*************************************************/
#include <iom16v.h>
#include <macros.h>
#define uchar unsigned char
#define uint unsigned int
uchar count;
uchar counth,countl;
flash uchar tab[]={0xC0,0xF9,0xA4,0xB0,0x99,0x92,0x82,0xF8,0x80,0x90,0x88,0x83,0xC6,0xA1,0x86,0x8E};
void delay(unsigned int ms)
{
        unsigned int a,b;
        for(a=0;a<ms;a++)
        {
        for(b=0;b<1140;b++);
        }
}
void display(void)
  {
    counth=count/10;
    countl=count%10;
    PORTC=tab[counth];
    PORTD|=0x01;
    delay(50);
    PORTD&=0xfe;
    PORTC=tab[countl];
    PORTD|=0x02;
    delay(50);
    PORTD&=0xfd;
  }
  #pragma interrupt_handler time0_isr:10
  void time0_isr(void)
  {
  TCNT0=0xFE;
  count++;
  }
void main(void)
  {
    DDRB=0x00;
    PORTB=0x01;
    DDRC=0xFF;
    PORTC=0xFF;
    DDRD=0xFF;
    PORTD=0xFF;
    TCCR0=0x07;
    TCNT0=0xFE;
```

```
        OCR0=0x00;
      TIMSK=0x01;
      SEI();
    while(1)
      {
        if(count==60);
         {
              count=0;
           PORTD&=0xfb;
           CLI();
           delay(1000);
           PORTD|=0x04;
           SEI();
         }
        display();
      }
}
```

3. 任务实现

（1）原理图绘制。

根据样图将所需元器件放置在图纸上，通过移动、旋转、布线等操作完成整个原理图，如图 2-3-11 所示。

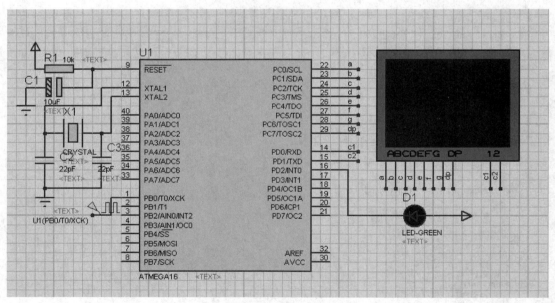

图 2-3-11　原理图

（2）生成网络表并进行电气检测。

选择 Tools→Netlist Compiler 命令，弹出如图 2-3-12 所示的对话框，在其中可以设置网络表的输出形式、模式等，此处不进行修改，单击 OK 按钮以默认方式输出如图 2-3-13 所示的内容。

电路图画完并生成网络表后，可以进行电气检测，选择 Tools→Electrical Rule Check 命令，弹出如图 2-3-14 所示的电气检测窗口，从中可以看到无电气错误。

图 2-3-12　网络表设置

图 2-3-13　输出网络表

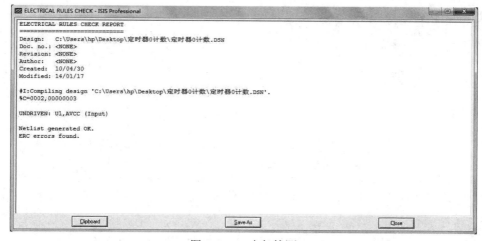

图 2-3-14　电气检测

4．任务运行

（1）载入。

打开 ATmega16 单片机的属性设置对话框，找到 Program File 选项，如图 2-3-15 所示。载入 ICCAVR 或 CodeVisionAVR 生成的 CHENGXU6.cof 文件或 CHENGXU6.hex 文件，如图 2-3-16 所示。

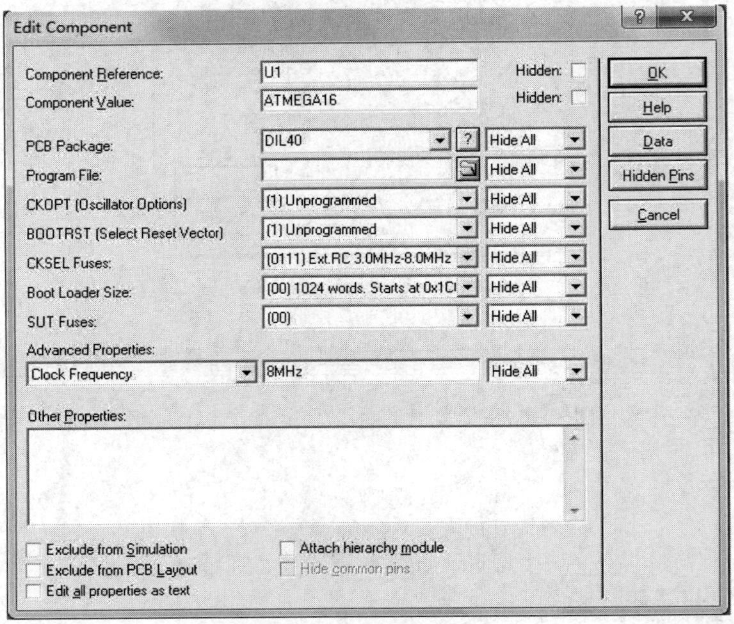

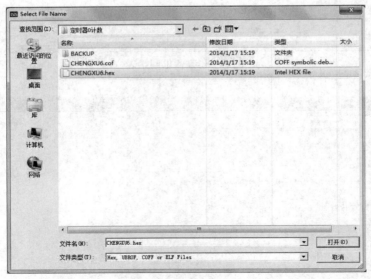

图 2-3-15　单片机属性设置

图 2-3-16　载入文件

（2）仿真。

单击 Proteus 的运行按钮，观察仿真现象，如图 2-3-17 和图 2-3-18 所示。

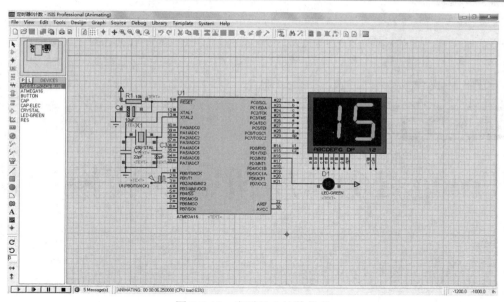

图 2-3-17　定时器 0 计数状态

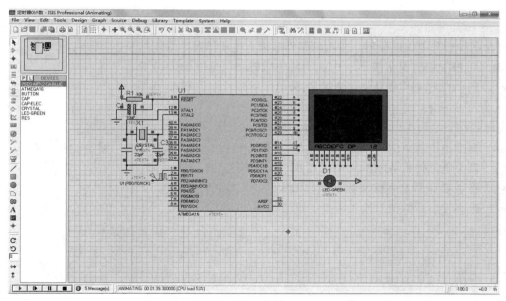

图 2-3-18　加满 60 个数，LED 点亮

3.4　任务总结

通过对定时器 0 定时和定时器计数这两个任务的学习我们要明确以下三点：

- ATmega16 有 T/C0、T/C1、T/C2 三个定时/计数器。
- T/C0、T/C2 是 8 位的定时器，T/C1 是 16 位定时器。
- 所有定时器的输入时钟信号均通过预分频器。

任务 4
ATmega16 单片机 AD 转换应用

4.1　任务要求

1. 电压监测器

设计制作一个电压比较器，监测两路外部输入电压情况，要求如下：
- 当 PB2 引脚电压值小于 PB3 引脚电压值时，绿色 LED 点亮。
- 当 PB2 引脚电压值大于 PB3 引脚电压值时，红色 LED 点亮。

2. 数字电压表

设计制作一个简易电压表，能测量 0～5V 输入电压，要求如下：
- 模拟电压从 ADC0 端输入。
- 调节电位使得 ADC0 端电压在 0～5V 之间变化。
- 将 A/D 采样转换结果显示在共阳极的 4 位数码管中。
- 数码管显示数值与输入模拟电压值相等，单位为伏特。

4.2　相关知识

4.2.1　模拟比较器

模拟比较器对正极 AIN0 的值与负极 AIN1 的值进行比较。当 AIN0 上的电压比负极 AIN1 上的电压高时，模拟比较器的输出 ACO 即置位。比较器的输出可用来触发定时器/计数器 1 的输入捕捉功能。此外，比较器还可触发自己专有的、独立的中断，用户可以选择比较器是以上升沿、下降沿还是交替变化的边沿来触发中断。

1. 特殊功能 IO 寄存器 – SFIOR

定义如下：

Bit	7	6	5	4	3	2	1	0	
	ADTS2	ADTS1	ADTS0	–	ACME	PUD	PSR2	PSR10	SFIOR
读/写	R/W	R/W	R/W	R	R/W	R/W	R/W	R/W	
初始值	0	0	0	0	0	0	0	0	

● Bit 3–ACME：模拟比较器多路复用器使能。

当此位为逻辑 1，且 ADC 处于关闭状态（ADCSRA 寄存器的 ADEN 为 0）时，ADC 多路复用器为模拟比较器选择负极输入。当此位为 0 时，AIN1 连接到比较器的负极输入端。

2. 模拟比较器控制和状态寄存器 – ACSR

定义如下：

Bit	7	6	5	4	3	2	1	0	
	ACD	ACBG	ACO	ACI	ACIE	ACIC	ACIS1	ACIS0	ACSR
读/写	R/W	R/W	R	R/W	R/W	R/W	R/W	R/W	
初始值	0	0	0	0	0	0	0	0	

● Bit 7–ACD：模拟比较器禁用。

ACD 置位时，模拟比较器的电源被切断。可以在任何时候设置此位来关掉模拟比较器。这可以减少器件工作模式及空闲模式下的功耗。改变 ACD 位时，必须清零 ACSR 寄存器的 ACIE 位来禁止模拟比较器中断，否则 ACD 改变时可能会产生中断。

● Bit 6–ACBG：选择模拟比较器的能隙基准源。

ACBG 置位后，模拟比较器的正极输入由能隙基准源所取代，否则 AIN0 连接到模拟比较器的正极输入。

● Bit 5–ACO：模拟比较器输出。

模拟比较器的输出经过同步后直接连到 ACO。同步机制引入了 1～2 个时钟周期的延时。

● Bit 4–ACI：模拟比较器中断标志。

当比较器的输出事件触发了由 ACIS1 及 ACIS0 定义的中断模式时，ACI 置位。如果 ACIE 和 SREG 寄存器的全局中断标志 I 也置位，那么模拟比较器中断服务程序即得以执行，同时 ACI 被硬件清零。ACI 也可以通过写 1 来清零。

● Bit 3–ACIE：模拟比较器中断使能。

当 ACIE 位被置 1 且状态寄存器中的全局中断标志 I 也被置位时，模拟比较器中断被激活，否则中断被禁止。

● Bit 2–ACIC：模拟比较器输入捕捉使能。

ACIC 置位后允许通过模拟比较器来触发 T/C1 的输入捕捉功能。此时比较器的输出被直接连接到输入捕捉的前端逻辑，从而使得比较器可以利用 T/C1 输入捕捉中断逻辑的噪声抑制器及触发沿选择功能。ACIC 为 0 时模拟比较器及输入捕捉功能之间没有任何联系。为了使比较器可以触发 T/C1 的输入捕捉中断，定时器中断屏蔽寄存器 TIMSK 的 TICIE1 必须置位。

● Bit 1，0–ACIS1，ACIS0：模拟比较器中断模式选择。

这两位确定触发模拟比较器中断的事件。表 2-4-1 给出了不同的设置。

表 2-4-1 ACIS1/ACIS0 设置

ACIS1	ACIS0	中断模式
0	0	比较器输出变化即可触发中断
0	1	保留
1	0	比较器输出的下降沿产生中断
1	1	比较器输出的上升沿产生中断

需要改变 ACIS1/ACIS0 时，必须清零 ACSR 寄存器的中断使能位来禁止模拟比较器中断，否则有可能在改变这两位时产生中断。

3. 模拟比较器多工输入

可以选择 ADC7～ADC0 之中的任意一个来代替模拟比较器的负极输入端。ADC 复用器可用来完成这个功能。当然，为了使用这个功能首先必须关掉 ADC。如果模拟比较器复用器使能位（SFIOR 中的 ACME）被置位，且 ADC 也已经关掉（ADCSRA 寄存器的 ADEN 为 0），则可以通过 ADMUX 寄存器的 MUX2～MUX0 来选择替代模拟比较器负极输入的管脚，如表 2-4-2 所示。如果 ACME 清零或 ADEN 置位，则模拟比较器的负极输入为 AIN1。

表 2-4-2 模拟比较器复用输入

ACME	ADEN	MUX2～MUX0	模拟比较器负极输入
0	x	xxx	AIN1
1	1	xxx	AIN1
1	0	000	ADC0
1	0	001	ADC1
1	0	010	ADC2
1	0	011	ADC3
1	0	100	ADC4
1	0	101	ADC5
1	0	110	ADC6
1	0	111	ADC7

4.2.2 模数转换器

1. 特点
- 10 位精度。
- 0.5LSB 的非线性度。
- ±2LSB 的绝对精度。
- 65～260μs 的转换时间。
- 最高分辨率时采样率高达 15kSPS。
- 8 路复用的单端输入通道。
- 7 路差分输入通道。

- 2 路可选增益为 10x 与 200x 的差分输入通道。
- 可选的左对齐 ADC 读数。
- $0\sim V_{CC}$ 的 ADC 输入电压范围。
- 可选的 2.56VADC 参考电压。
- 连续转换或单次转换模式。
- 通过自动触发中断源启动 ADC 转换。
- ADC 转换结束中断。
- 基于睡眠模式的噪声抑制器。

ATmega16 有一个 10 位的逐次逼近型 ADC。ADC 与一个 8 通道的模拟多路复用器连接，对来自端口 A 的 8 路单端输入电压进行采样。单端电压输入以 0V（GND）为基准。器件还支持 16 路差分电压输入组合。两路差分输入（ADC1、ADC0 与 ADC3、ADC2）有可编程增益级，在 A/D 转换前给差分输入电压提供 0dB（1x）、20dB（10x）或 46dB（200x）的放大级。七路差分模拟输入通道共享一个通用负端（ADC1），而其他任何 ADC 输入可做为正输入端。如果使用 1x 或 10x 增益，可得到 8 位分辨率。如果使用 200x 增益，可得到 7 位分辨率。ADC 包括一个采样保持电路，以确保在转换过程中输入到 ADC 的电压保持恒定。ADC 由 AVCC 引脚单独提供电源。AVCC 与 V_{CC} 之间的偏差不能超过±0.3V。标称值为 2.56V 的基准电压，以及 AVCC，都位于器件之内。基准电压可以通过在 AREF 引脚上加一个电容进行解耦，以更好地抑制噪声。

2. 操作

ADC 通过逐次逼近的方法将输入的模拟电压转换成一个 10 位的数字量。最小值代表 GND，最大值代表 AREF 引脚上的电压再减去 1LSB。通过写 ADMUX 寄存器的 REFSn 位可以把 AVCC 或内部 2.56V 的参考电压连接到 AREF 引脚。在 AREF 上外加电容可以对片内参考电压进行解耦以提高噪声抑制性能。模拟输入通道与差分增益可以通过写 ADMUX 寄存器的 MUX 位来选择。任何 ADC 输入引脚，像 GND 及固定能隙参考电压，都可以作为 ADC 的单端输入。ADC 输入引脚可选做差分增益放大器的正或负输入。如果选择差分通道，通过选择被选输入信号的增益因子得到电压差分放大级。然后放大值成为 ADC 的模拟输入。如果使用单端通道，将绕过增益放大器。通过设置 ADCSRA 寄存器的 ADEN 即可启动 ADC。只有当 ADEN 置位时参考电压及输入通道选择才生效。ADEN 清零时 ADC 并不耗电，因此建议在进入节能睡眠模式之前关闭 ADC。ADC 转换结果为 10 位，存放于 ADC 数据寄存器 ADCH 及 ADCL 中。默认情况下转换结果为右对齐，但可通过设置 ADMUX 寄存器的 ADLAR 变为左对齐。如果要求转换结果左对齐，且最高只需 8 位的转换精度，那么只要读取 ADCH 就足够了。否则要先读 ADCL，再读 ADCH，以保证数据寄存器中的内容是同一次转换的结果。一旦读出 ADCL，ADC 对数据寄存器的寻址就被阻止了。也就是说，读取 ADCL 之后，即使在读 ADCH 之前又有一次 ADC 转换结束，数据寄存器的数据也不会更新，从而保证了转换结果不丢失。ADCH 被读出后，ADC 即可再次访问 ADCH 及 ADCL 寄存器。ADC 转换结束可以触发中断。即使由于转换发生在读取 ADCH 与 ADCL 之间而造成 ADC 无法访问数据寄存器，并因此丢失了转换数据，中断仍将触发。

3. 启动一次转换

向 ADC 启动转换位 ADSC 写 1 可以启动单次转换。在转换过程中此位保持为高，直到转换结束，然后被硬件清零。如果在转换过程中选择了另一个通道，那么 ADC 会在改变通道前完成这一次转换。ADC 转换有不同的触发源。设置 ADCSRA 寄存器的 ADC 自动触发允许位 ADATE 可以使能自动触发。设置 ADCSRB 寄存器的 ADC 触发选择位 ADTS 可以选择触发源。当所选的触发信号产生上跳沿时，ADC 预分频器复位并开始转换。这提供了一个在固定时间间隔下启动转换的方法。转换结束后即使触发信号仍然存在，也不会启动一次新的转换。如果在转换过程中触发信号中又产生了一个上跳沿，这个上跳沿将被忽略。即使特定的中断被禁止或全局中断使能位为 0，中断标志仍将置位。这样可以在不产生中断的情况下触发一次转换。但是为了在下次中断事件发生时触发新的转换，必须将中断标志清零。使用 ADC 中断标志作为触发源，可以在正在进行的转换结束后即开始下一次 ADC 转换。之后 ADC 便工作在连续转换模式，持续地进行采样并对 ADC 数据寄存器进行更新。第一次转换通过向 ADCSRA 寄存器的 ADSC 写 1 来启动。在此模式下，后续的 ADC 转换不依赖于 ADC 中断标志 ADIF 是否置位。如果使能了自动触发，置位 ADCSRA 寄存器的 ADSC 将启动单次转换。ADSC 标志还可用来检测转换是否在进行之中。不论转换是如何启动的，在转换进行过程中 ADSC 一直为 1。

4. 预分频及 ADC 转换时序

在默认条件下，逐次逼近电路需要一个从 50kHz 到 200kHz 的输入时钟以获得最大精度。

如果所需的转换精度低于 10 比特，那么输入时钟频率可以高于 200kHz，以达到更高的采样率。ADC 模块包括一个预分频器，它可以由任何超过 100kHz 的 CPU 时钟来产生可接受的 ADC 时钟。预分频器通过 ADCSRA 寄存器的 ADPS 进行设置。置位 ADCSRA 寄存器的 ADEN 将使能 ADC，预分频器开始计数。只要 ADEN 为 1，预分频器就持续计数，直到 ADEN 清零。

ADCSRA 寄存器的 ADSC 置位后，单端转换在下一个 ADC 时钟周期的上升沿开始启动。

正常转换需要 13 个 ADC 时钟周期。为了初始化模拟电路，ADC 使能（ADCSRA 寄存器的 ADEN 置位）后的第一次转换需要 25 个 ADC 时钟周期。

在普通的 ADC 转换过程中，采样保持在转换启动之后的 1.5 个 ADC 时钟周期开始，而第一次 ADC 转换的采样保持则发生在转换启动之后的 13.5 个 ADC 时钟周期。转换结束后，ADC 结果被送入 ADC 数据寄存器，且 ADIF 标志置位。ADSC 同时清零（单次转换模式）。之后软件可以再次置位 ADSC 标志，从而在 ADC 的第一个上升沿启动一次新的转换。

使用自动触发时，触发事件发生将复位预分频器。这保证了触发事件和转换启动之间的延时是固定的。在此模式下，采样保持在触发信号上升沿之后的 2 个 ADC 时钟周期发生。为了实现同步逻辑，需要额外的 3 个 CPU 时钟周期。如果使用差分模式，加上不是由 ADC 转换结束实现的自动触发，每次转换需要 25 个 ADC 时钟周期，这是因为每次转换结束后都要关闭 ADC 然后再重新启动。

在连续转换模式下，当 ADSC 为 1 时，只要转换一结束，下一次转换马上开始。转换时间如表 2-4-3 所示。

表 2-4-3　ADC 转换时间

条件	采样&保持（启动转换后的时钟周期数）转换时间（周期）
第一次转换 14.5	25
正常转换，单端 1.5	13
自动触发的转换 2	13.5
正常转换，差分 1.5/2.5	13/14

5. 差分增益信道

使用差分增益通道，需要考虑转换的确定特征。

差分转换与内部时钟 CKADC2 同步，等于 ADC 时钟的一半。同步是当 ADC 接口在 CKADC2 边沿出现采样与保持时自动实现的。当 CKADC2 为低时，通过用户启动转换（包括单次转换与第一次连续转换）将与单端转换使用的时间（预分频后的 13 个 ADC 时钟周期）相同。当 CKADC2 为高时，由于同步机制，将会使用 14 个 ADC 时钟周期。在连续转换模式时，一次转换结束后立即启动新的转换，而由于 CKADC2 此时为高，所有的自动启动（即除第一次外）将使用 14 个 ADC 时钟周期。

在所有的增益设置中，当带宽为 4kHz 时增益级最优，更高的频率可能会造成非线性放大。当输入信号包含高于增益级带宽的频率时，应在输入前加入低通滤波器。注意，ADC 时钟频率不受增益级带宽限制。比如，不管通道带宽是多少，ADC 时钟周期为 6μs，允许通道采样率为 12kSPS。

如果使用差分增益通道且通过自动触发启动转换，在转换时 ADC 必须关闭。当使用自动触发时，ADC 预分频器在转换启动前复位。由于在转换前的增益级依靠稳定的 ADC 时钟，该转换无效。在每次转换（在寄存器 ADCSRA 的 ADEN 位中写 0 接着写 1）时，通过禁用然后重使能 ADC，只执行扩展转换。扩展转换结果有效。

6. 改变通道或基准源

ADMUX 寄存器中的 MUXn 及 REFS1:0 通过临时寄存器实现了单缓冲。CPU 可对此临时寄存器进行随机访问。这保证了在转换过程中通道和基准源的切换发生于安全的时刻。在转换启动之前通道及基准源的选择可随时进行。一旦转换开始就不允许再选择通道和基准源了，从而保证 ADC 有充足的采样时间。在转换完成（ADCSRA 寄存器的 ADIF 置位）之前的最后一个时钟周期，通道和基准源的选择又可以重新开始。转换的开始时刻为 ADSC 置位后的下一个时钟的上升沿。因此，建议用户在置位 ADSC 之后的一个 ADC 时钟周期里，不要操作 ADMUX 以选择新的通道及基准源。

使用自动触发时，触发事件发生的时间是不确定的。为了控制新设置对转换的影响，在更新 ADMUX 寄存器时一定要特别小心。若 ADATE 和 ADEN 都置位，则中断事件可以在任意时刻发生。如果在此期间改变 ADMUX 寄存器的内容，那么用户就无法判别下一次转换是基于旧的设置还是最新的设置。在以下时刻可以安全地对 ADMUX 进行更新：

● DATE 或 ADEN 为 0。

● 转换过程中，但是在触发事件发生后至少一个 ADC 时钟周期。

● 转换结束之后，但是在作为触发源的中断标志清零之前。

如果在上面提到的任一种情况下更新 ADMUX，那么新设置将在下一次 ADC 时生效。当改变差分通道时要特别注意，一旦选定差分通道，增益级要用 125μs 来稳定该值。因此在选定新通道后的 125μs 内不应启动转换，或舍弃该时间段内的转换结果。当改变 ADC 参考值后（通过改变 ADMUX 寄存器中的 REFS1:0 位）的第一次转换也要遵守上述规则。

7. ADC 输入通道

选择模拟通道时请注意以下指导方针：

● 工作于单次转换模式时，总是在启动转换之前选定通道。在 ADSC 置位后的一个 ADC 时钟周期就可以选择新的模拟输入通道了。但是最简单的办法是等待转换结束后再改变通道。

● 在连续转换模式下，总是在第一次转换开始之前选定通道。在 ADSC 置位后的一个 ADC

时钟周期就可以选择新的模拟输入通道了。但是最简单的办法是等待转换结束后再改变通道。然而，此时新一次转换已经自动开始了，下一次的转换结果反映的是以前选定的模拟输入通道。以后的转换才是针对新通道的。

● 当切换到差分增益通道，由于自动偏移抵消电路需要沉积时间，第一次转换结果准确率很低。用户最好舍弃第一次转换结果。

8. ADC 基准电压源

ADC 的参考电压源（VREF）反映了 ADC 的转换范围。若单端通道电平超过了 VREF，其结果将接近 0x3FF。VREF 可以是 AVCC、内部 2.56V 基准或外接于 AREF 引脚的电压。

AVCC 通过一个无源开关与 ADC 相连。片内的 2.56V 参考电压由能隙基准源（VBG）通过内部放大器产生。无论是哪种情况，AREF 都直接与 ADC 相连，通过在 AREF 与地之间外加电容可以提高参考电压的抗噪性。VREF 可通过高输入内阻的伏特表在 AREF 引脚测得。由于 VREF 的阻抗很高，因此只能连接容性负载。

如果将一个固定电源接到 AREF 引脚，那么用户就不能选择其他的基准源了，因为这会导致片内基准源与外部参考源的短路。如果 AREF 引脚没有连接任何外部参考源，用户可以选择 AVCC 或 1.1V 作为基准源。参考源改变后的第一次 ADC 转换结果可能不准确，建议用户不要使用这一次的转换结果。

9. ADC 噪声抑制器

ADC 的噪声抑制器使其可以在睡眠模式下进行转换，从而降低由于 CPU 及外围 I/O 设备噪声引入的影响。噪声抑制器可在 ADC 降噪模式及空闲模式下使用。为了使用这一特性，应采用如下步骤：

（1）确定 ADC 已经使能，且没有处于转换状态。工作模式应该为单次转换，并且 ADC 转换结束中断使能。

（2）进入 ADC 降噪模式（或空闲模式）。一旦 CPU 被挂起，ADC 便开始转换。

（3）如果在 ADC 转换结束之前没有其他中断产生，那么 ADC 中断将唤醒 CPU 并执行 ADC 转换结束中断服务程序。如果在 ADC 转换结束之前有其他的中断源唤醒了 CPU，对应的中断服务程序得到执行，ADC 转换结束后产生 ADC 转换结束中断请求，CPU 新的休眠指令得到执行。

进入除空闲模式及 ADC 降噪模式之外的其他休眠模式时，ADC 不会自动关闭。在进入这些休眠模式时，建议将 ADEN 清零以降低功耗。如果 ADC 在该休眠模式下使能，且用户要完成差分转换，建议关闭 ADC 且在唤醒后促使外部转换得到有效值。

10. ADC 转换相关寄存器

（1）ADC 多工选择寄存器—ADMUX。

定义如下：

Bit	7	6	5	4	3	2	1	0	
	REFS1	REFS0	ADLAR	MUX4	MUX3	MUX2	MUX1	MUX0	ADMUX
读/写	R/W	R/W	R/W	R/W	R/W	R/W	R/W	R/W	
初始值	0	0	0	0	0	0	0	0	

● Bit 7，6–REFS1，0：参考电压选择

如表 2-4-4 所示，通过这两位可以选择参考电压。如果在转换过程中改变了它们的设置，只有

等到当前转换结束（ADCSRA 寄存器的 ADIF 置位）之后改变才会起作用。如果在 AREF 引脚上施加了外部参考电压，内部参考电压就不能被选用了。

表 2-4-4　ADC 参考电压选择

REFS1	REFS0	参考电压选择
0	0	AREF，内部 Vref 关闭
0	1	AVCC，AREF 引脚外加滤波电容
1	0	保留
1	1	2.56V 的片内基准电压源，AREF 引脚外加滤波电容

- Bit 5 – ADLAR：ADC 转换结果左对齐。

ADLAR 影响 ADC 转换结果在 ADC 数据寄存器中的存放形式。ADLAR 置位时转换结果为左对齐，否则为右对齐。ADLAR 的改变将立即影响 ADC 数据寄存器的内容，不论是否有转换正在进行。

- Bits 4～0 – MUX4～0：模拟通道与增益选择位。

通过这几位的设置，可以对连接到 ADC 的模拟输入进行选择。也可对差分通道增益进行选择。

（2）ADC 控制和状态寄存器—ADCSRA

定义如下：

Bit	7	6	5	4	3	2	1	0	
	ADEN	ADSC	ADATE	ADIF	ADIE	ADPS2	ADPS1	ADPS0	ADCSRA
读/写	R/W	R/W	R/W	R/W	R/W	R/W	R/W	R/W	
初始值	0	0	0	0	0	0	0	0	

- Bit 7 – ADEN：ADC 使能。

ADEN 置位即启动 ADC，否则 ADC 功能关闭。在转换过程中关闭 ADC 将立即中止正在进行的转换。

- Bit 6 – ADSC：ADC 开始转换。

在单次转换模式下，ADSC 置位将启动一次 ADC 转换。在连续转换模式下，ADSC 置位将启动首次转换。第一次转换（在 ADC 启动之后置位 ADSC，或者在使能 ADC 的同时置位 ADSC）需要 25 个 ADC 时钟周期，而不是正常情况下的 13 个。第一次转换执行 ADC 初始化的工作。在转换进行过程中读取 ADSC 的返回值为 1，直到转换结束。ADSC 清零不产生任何动作。

- Bit 5 – ADATE：ADC 自动触发使能。

ADATE 置位将启动 ADC 自动触发功能。触发信号的上跳沿启动 ADC 转换。触发信号源通过 SFIOR 寄存器的 ADC 触发信号源选择位 ADTS 设置。

- Bit 4 – ADIF：ADC 中断标志。

在 ADC 转换结束，且数据寄存器被更新后，ADIF 置位。如果 ADIE 及 SREG 中的全局中断使能位 I 也置位，ADC 转换结束中断服务程序即得以执行，同时 ADIF 硬件清零。此外，还可以通过向此标志写 1 来清零 ADIF。要注意的是，如果对 ADCSRA 进行读－修改－写操作，那么待处理的中断会被禁止。这也适用于 SBI 及 CBI 指令。

● Bit 3–ADIE：ADC 中断使能。

若 ADIE 及 SREG 的位 I 置位，ADC 转换结束中断即被使能。

● Bits 2～0–ADPS2～0：ADC 预分频器选择位。

由这几位来确定 XTAL 与 ADC 输入时钟之间的分频因子，如表 2-4-5 所示。

表 2-4-5　ADC 预分频选择

ADPS2	ADPS1	ADPS0	分频因子
0	0	0	2
0	0	1	2
0	1	0	4
0	1	1	8
1	0	0	16
1	0	1	32
1	1	0	64
1	1	1	128

（3）ADC 数据寄存器—ADCL 及 ADCH。

ADLAR = 0 时，其定义如下：

Bit	15	14	13	12	11	10	9	8	
	–	–	–	–	–	–	ADC9	ADC8	ADCH
	ADC7	ADC6	ADC5	ADC4	ADC3	ADC2	ADC1	ADC0	ADCL
	7	6	5	4	3	2	1	0	
读/写	R	R	R	R	R	R	R	R	
	R	R	R	R	R	R	R	R	
初始值	0	0	0	0	0	0	0	0	
	0	0	0	0	0	0	0	0	

ADLAR = 1 时，其定义如下：

Bit	15	14	13	12	11	10	9	8	
	ADC9	ADC8	ADC7	ADC6	ADC5	ADC4	ADC3	ADC2	ADCH
	ADC1	ADC0	–	–	–	–	–	–	ADCL
	7	6	5	4	3	2	1	0	
读/写	R	R	R	R	R	R	R	R	
	R	R	R	R	R	R	R	R	
初始值	0	0	0	0	0	0	0	0	
	0	0	0	0	0	0	0	0	

ADC 转换结束后，转换结果存于这两个寄存器之中。如果采用差分通道，结果由 2 的补码形式表示。读取 ADCL 之后，ADC 数据寄存器一直要等到 ADCH 也被读出才可以进行数据更新。因此，如果转换结果为左对齐，且要求的精度不高于 8 比特，那么仅需读取 ADCH 就足够了。否

则必须先读出 ADCL，再读 ADCH。ADMUX 寄存器的 ADLAR 及 MUXn 会影响转换结果在数据寄存器中的表示方式。如果 ADLAR 为 1，那么结果为左对齐；反之（系统缺省设置），结果为右对齐。

（4）特殊功能 I/O 寄存器—SFIOR。

其定义如下：

Bit	7	6	5	4	3	2	1	0	
	ADTS2	ADTS1	ADTS0	–	ACME	PUD	PSR2	PSR10	SFIOR
读/写	R/W	R/W	R/W	R	R/W	R/W	R/W	R/W	
初始值	0	0	0	0	0	0	0	0	

- Bits 7～5–ADTS2～0：ADC 自动触发源。

若 ADCSRA 寄存器的 ADATE 置位，ADTS 的值将确定触发 ADC 转换的触发源；否则，ADTS 的设置没有意义。如表 2-4-6 所示。被选中的中断标志在其上升沿触发 ADC 转换。从一个中断标志清零的触发源切换到中断标志置位的触发源会使触发信号产生一个上升沿。如果此时 ADCSRA 寄存器的 ADEN 为 1，ADC 转换即被启动。切换到连续运行模式（ADTS[2:0]=0）时，即使 ADC 中断标志已经置位也不会产生触发事件。

- Bit 4–Res：保留位。

这一位保留。为了与以后的器件相兼容，在写 SFIOR 时这一位应写 0。

表 2-4-6　ADC 自动触发源选择

ADTS2	ADTS1	ADTS0	触发源
0	0	0	连续转换模式
0	0	1	模拟比较器
0	1	0	外部中断请求 0
0	1	1	定时器/计数器 0 比较匹配
1	0	0	定时器/计数器 0 溢出
1	0	1	定时器/计数器比较匹配 B
1	1	0	定时器/计数器 1 溢出
1	1	1	定时器/计数器 1 捕捉事件

4.3　任务分析与实施

4.3.1　电压监测器

1. 任务构思

根据任务要求，使用 ATmega16 监测两路外部输入电压情况，当 AIN0 上电压高于 AIN1 上电压时，模拟比较器输出 ACO 置 1；反之 ACO 清零。

2. 任务设计

编写程序时，首先要判断 ASCR 的 ACO 位是否为 0，然后根据判断结果进行相应操作。任务设计流程图如图 2-4-1 所示。

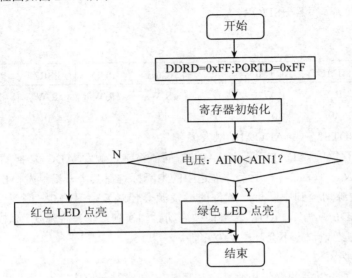

图 2-4-1　任务流程图

编写程序如下：

```
/**********************************************
    File name:        电压监测器.c
    Chip type:        ATmega16
    Clock frequency:  8.0MHz
**********************************************/
#include <iom16v.h>
#include <macros.h>
#define uchar unsigned char
#define uint unsigned int
void main(void)
  {
    DDRD=0xFF;
    PORTD=0xFF;
    ACSR=0x00;
    SFIOR=0x80;
    while(1)
      {
        if((ACSR&0x20)==0)
          {
            PORTD&=0xdf;
            PORTD|=0x40;
          }
        else
          {
            PORTD|=0x20;
            PORTD&=0xbf;
          }
      }
  }
```

3．任务实现

（1）原理图绘制。

根据样图将所需元器件放置在图纸上，通过移动、旋转、布线等操作完成整个原理图，如图 2-4-2 所示。

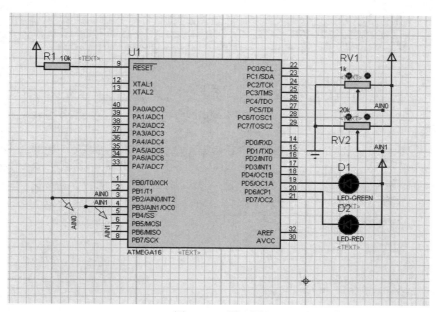

图 2-4-2　原理图

（2）生成网络表并进行电气检测。

选择 Tools→Netlist Compiler 命令，弹出如图 2-4-3 所示的对话框，在其中可以设置网络表的输出形式、模式等，此处不进行修改，单击 OK 按钮以默认方式输出如图 2-4-4 所示的内容。

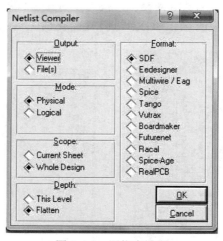

图 2-4-3　网络表设置

电路图画完并生成网络表后，可以进行电气检测，选择 Tools→Electrical Rule Check 命令，弹出如图 2-4-5 所示的电气检测窗口，从中可以看到无电气错误。

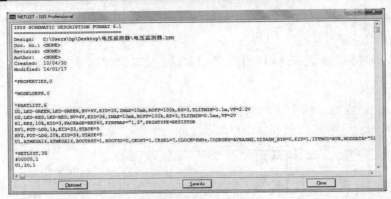

图 2-4-4　输出网络表

图 2-4-5　电气检测

4. 任务运行

（1）载入。

打开 ATmega16 单片机的属性设置对话框，找到 Program File 选项，如图 2-4-6 所示。载入 ICCAVR 或 CodeVisionAVR 生成的 CHENGXU7.cof 文件或 CHENGXU7.hex 文件，如图 2-4-7 所示。

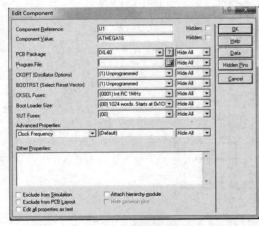

图 2-4-6　单片机属性设置

图 2-4-7　载入文件

（2）仿真。

单击 Proteus 的运行按钮，观察仿真现象，如图 2-4-8 和图 2-4-9 所示。

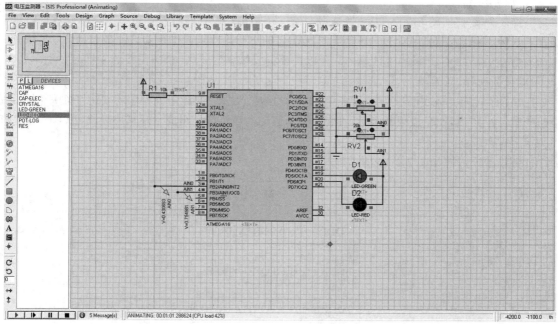

图 2-4-8　当 PB2 引脚电压值小于 PB3 引脚电压值时，绿色 LED 点亮

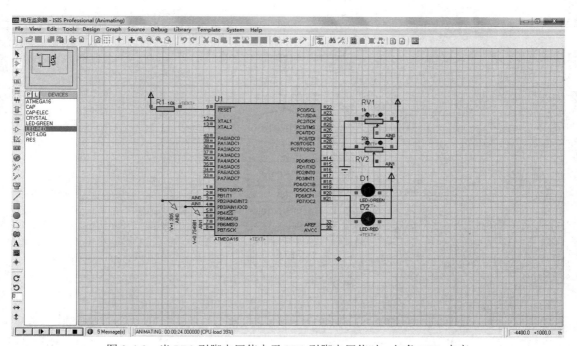

图 2-4-9　当 PB2 引脚电压值大于 PB3 引脚电压值时，红色 LED 点亮

4.3.2　数字电压表

1. 任务构思

根据任务要求，要完成 A/D 转换器寄存器的初始化，设置通道号、参考电压源、转换时钟、触发方式等。采样结果放在 ADC 寄存器中，ADC 的逐次比较转换电路要达到最大精度。系统频率为 8MHz，大于 ADC 的采样时钟频率，所以需要将此频率变成 ADC 所需的采样时钟频率。

2. 任务设计

在 ADC 转换完成中断服务时，需要将转换的结果换算成电压值，程序主要由 T/C0 比较匹配中断函数、ADC 转换完成中断函数、LED 显示驱动函数等部分组成。注意不要将 AVCC、AREF 引脚接上 VCC。

任务设计流程图如图 2-4-10 所示。

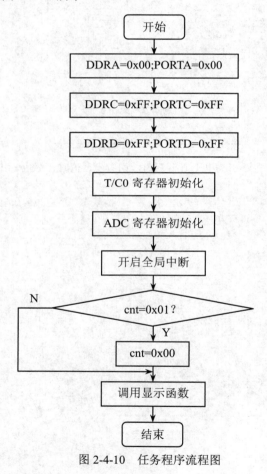

图 2-4-10　任务程序流程图

编写程序如下：

```
/***********************************************
  File name:     数字电压表.c
  Chip type:     ATmega16
  Clock frequency: 8.0MHz
  ***********************************************/
```

```
#include <iom16v.h>
#include <macros.h>
#define uchar unsigned char
#define uint   unsigned int
#define ulong unsigned long
uchar tab[]={0xC0,0xF9,0xA4,0xB0,0x99,0x92,0x82,0xF8,0x80,0x90,0x88,0x83,0xC6,0xA1,0x86,0x8E};
uchar cnt;
uint adc_v;
void   delay(uint k)
{
   uchar   m,n;
     for(m=0;m<k;m++)
       {
         for(n=0;n<114;n++);
       }
}
#pragma interrupt_handler timer0_COMP:20
void timer0_COMP(void)
{
     cnt=0x01;
}
#pragma interrupt_handler ADC_INT:15
void ADC_INT(void)
{
     uint adc_data;
     adc_data=ADC;
     adc_v=(ulong)adc_data*5000/1024;
}
void display(void)
{
   uchar val1,val2,val3,val4;
   val1=adc_v/1000;
   val2=(adc_v/100)%10;
   val3=(adc_v/10)%10;
   val4=adc_v%10;
   PORTD=0x01;
   PORTC=tab[val1];
   PORTC&=0x7f;
   delay(10);
   PORTD=0x02;
   PORTC=tab[val2];
   delay(10);
   PORTD=0x04;
   PORTC=tab[val3];
   delay(10);
   PORTD=0x08;
   PORTC=tab[val4];
   delay(10);
}
void main(void)
{
     DDRA=0x00;
     PORTA=0x00;
     DDRC=0xFF;
     PORTC=0xFF;
```

```
        DDRD=0xFF;
        PORTD=0xFF;
        TCCR0=0x0B;
        TCNT0=0x00;
        OCR0=0xF9;
        TIMSK=0x02;
        ADMUX=0x40;
        SFIOR&=0x1F;
        SFIOR|=0x60;
        ADCSRA=0xAE;
        SEI();
        while (1)
        {
            if (cnt==0x01)
            {
                display();
                cnt=0x00;
            }
        }
    }
```

3. 任务实现

（1）原理图绘制。

根据样图将所需元器件放置在图纸上，通过移动、旋转、布线等操作完成整个原理图，如图 2-4-11 所示。

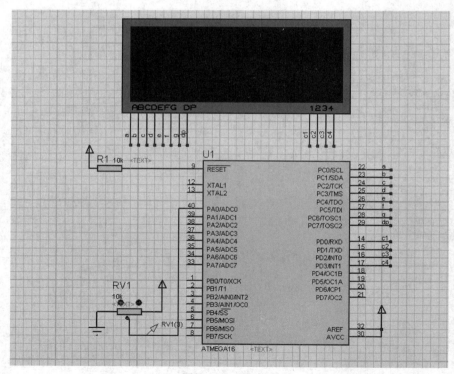

图 2-4-11　原理图

（2）生成网络表并进行电气检测。

选择 Tools→Netlist Compiler 命令，弹出如图 2-4-12 所示的对话框，在其中可以设置网络表的输出形式、模式等，此处不进行修改，单击 OK 按钮以默认方式输出如图 2-4-13 所示的内容。

图 2-4-12　网络表设置

图 2-4-13　输出网络表

电路图画完并生成网络表后，可以进行电气检测，选择 Tools→Electrical Rule Check 命令，弹出如图 2-4-14 所示的电气检测窗口，从中可以看到无电气错误。

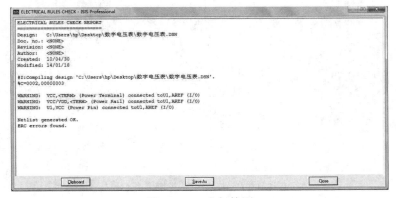

图 2-4-14　电气检测

4. 任务运行

（1）载入。

打开 ATmega16 单片机的属性设置对话框，找到 Program File 选项，如图 2-4-15 所示。载入 ICCAVR 或 CodeVisionAVR 生成的 CHENGXU8.cof 文件或 CHENGXU8.hex 文件，如图 2-4-16 所示。

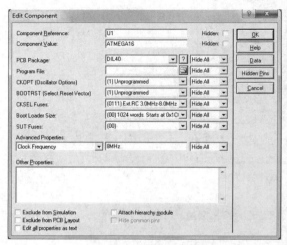

图 2-4-15　单片机属性设置　　　　　　　　　图 2-4-16　载入文件

（2）仿真。

单击 Proteus 的运行按钮，观察仿真现象，如图 2-4-17 和图 2-4-18 所示。

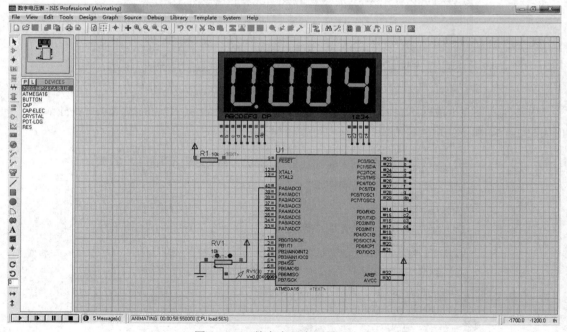

图 2-4-17　数字电压表测量最小值

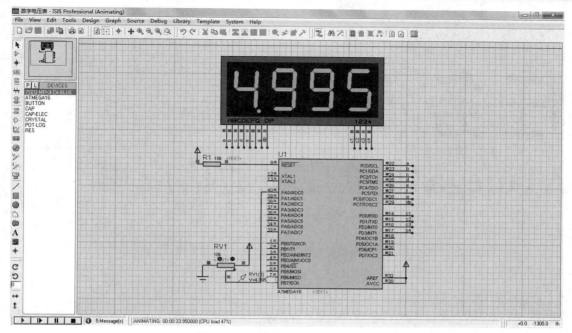

图 2-4-18   数字电压表测量最大值

4.4   任务总结

通过电压监测器和数字电压表这两个任务的学习我们要明确以下三点：

● 信号的互相转换是单片机系统经常遇到的问题。

● ATmega16 单片机集成了 10bit 的 A/D 转换器，可以节约成本。

● ATmega16 单片机的多路 A/D 转换器可以转换单通道信号、差分信号。

任务 5
ATmega16 单片机通信应用

5.1 任务要求

1. 单片机发收器

设计制作一个单片机发收装置，要求如下：

- 两位共阳极 LED 显示按键次数，次数范围为 0～30。
- 使用 USART 将按键次数从 TXD 异步串行输出。
- 使用 RXD 输入上述数据，在 7 段 LED 数码管上显示数据。

2. 字符串收发器

设计制作一个串行字符数据收发器，要求如下：

- 单片机与虚拟终端收发字符串。
- 虚拟终端向单片机发送字符串，单片机接收完所有字符串之后将其发回虚拟终端。
- 虚拟终端显示接收到的数据。

5.2 相关知识

5.2.1 串行外设接口 SPI

1. ATmega16 SPI 的特点

串行外设接口 SPI 允许 ATmega16 和外设或其他 AVR 器件进行高速的同步数据传输，特点如下：

- 全双工，3 线同步数据传输。
- 主机或从机操作。
- LSB 首先发送或 MSB 首先发送。
- 7 种可编程的比特率。
- 传输结束中断标志。
- 写碰撞标志检测。

- 可以从闲置模式唤醒。
- 作为主机时具有倍速模式（CK/2）。

系统包括两个移位寄存器和一个主机时钟发生器。通过将需要的从机的 SS 引脚拉低，主机启动一次通讯过程。主机和从机将需要发送的数据放入相应的移位寄存器。主机在 SCK 引脚上产生时钟脉冲以交换数据。主机的数据从主机的 MOSI 移出，从从机的 MOSI 移入；从机的数据从从机的 MISO 移出，从主机的 MISO 移入。主机通过将从机的 SS 拉高实现与从机的同步。

配置为 SPI 主机时，SPI 接口不自动控制 SS 引脚，必须由用户软件来处理。对 SPI 数据寄存器写入数据即启动 SPI 时钟，将 8 比特的数据移入从机。传输结束后 SPI 时钟停止，传输结束标志 SPIF 置位。如果此时 SPCR 寄存器的 SPI 中断使能位 SPIE 置位，中断就会发生。主机可以继续往 SPDR 写入数据以移位到从机中去，或者是将从机的 SS 拉高以说明数据包发送完成。最后进来的数据将一直保存于缓冲寄存器中。

配置为从机时，只要 SS 为高，SPI 接口将一直保持睡眠状态，并保持 MISO 为三态。在这个状态下软件可以更新 SPI 数据寄存器 SPDR 的内容。即使此时 SCK 引脚有输入时钟，SPDR 的数据也不会移出，直至 SS 被拉低。一个字节完全移出之后，传输结束标志 SPIF 置位。如果此时 SPCR 寄存器的 SPI 中断使能位 SPIE 置位，就会产生中断请求。在读取移入的数据之前从机可以继续往 SPDR 写入数据。最后进来的数据将一直保存于缓冲寄存器里。

SPI 系统的发送方向只有一个缓冲器，而在接收方向有两个缓冲器。也就是说，在发送时一定要等到移位过程全部结束后才能对 SPI 数据寄存器执行写操作。而在接收数据时，需要在下一个字符移位过程结束之前通过访问 SPI 数据寄存器读取当前接收到的字符。否则第一个字节将丢失。

工作于 SPI 从机模式时，控制逻辑对 SCK 引脚的输入信号进行采样。为了保证对时钟信号的正确采样，SPI 时钟不能超过 $f_{osc}/4$。SPI 使能后，MOSI、MISO、SCK 和 SS 引脚的数据方向将按照表 2-5-1 所示自动进行配置。

表 2-5-1　SPI 引脚重载

引脚	方向，SPI 主机	方向，SPI 从机
MOSI	用户定义	输入
MISO	输入	用户定义
SCK	用户定义	输入
SS	用户定义	输入

下面的例程说明如何将 SPI 初始化为主机，以及如何进行简单的数据发送。例子中 DDR_SPI 必须由实际的数据方向寄存器代替，DD_MOSI、DD_MISO 和 DD_SCK 必须由实际的数据方向代替。比如说，MOSI 为 PB5 引脚，则 DD_MOSI 要用 DDB5 取代，DDR_SPI 用 DDRB 取代。

```
void SPI_MasterInit(void)
{
/* 设置 MOSI 和 SCK 为输出，其他为输入 */
DDR_SPI = (1<<DD_MOSI)|(1<<DD_SCK);
/* 使能 SPI 主机模式，设置时钟速率为 fck/16 */
SPCR = (1<<SPE)|(1<<MSTR)|(1<<SPR0);
}
void SPI_MasterTransmit(char cData)
```

```
{
/* 启动数据传输 */
SPDR = cData;
/* 等待传输结束 */
while(!(SPSR & (1<<SPIF)));
}
```

下面的例子说明如何将 SPI 初始化为从机，以及如何进行简单的数据接收。

```
void SPI_SlaveInit(void)
{
/* 设置 MISO 为输出，其他为输入 */
DDR_SPI = (1<<DD_MISO);
/* 使能 SPI */
SPCR = (1<<SPE);
}
char SPI_SlaveReceive(void)
{
/* 等待接收结束 */
while(!(SPSR & (1<<SPIF)));
/* 返回数据 */
return SPDR;
}
```

2. SS 引脚的功能

（1）从机模式。

当 SPI 配置为主机时，从机选择引脚 SS 总是为输入。SS 为低将激活 SPI 接口，MISO 成为输出（用户必须进行相应的端口配置）引脚，其他引脚成为输入引脚。当 SS 为高时所有的引脚成为输入，SPI 逻辑复位，不再接收数据。

SS 引脚对于数据包/字节的同步非常有用，可以使从机的位计数器与主机的时钟发生器同步。当 SS 拉高时 SPI 从机立即复位接收和发送逻辑，并丢弃移位寄存器里不完整的数据。

（2）主机模式。

当 SPI 配置为主机时（MSTR 的 SPCR 置位），用户可以决定 SS 引脚的方向。

若 SS 配置为输出，则此引脚可以用作普通的 I/O 口而不影响 SPI 系统。典型应用是用来驱动从机的 SS 引脚。

如果 SS 配置为输入，必须保持为高以保证 SPI 的正常工作。若系统配置为主机，SS 为输入，但被外设拉低，则 SPI 系统会将此低电平解释为有一个外部主机从而将自己选择为从机。为了防止总线冲突，SPI 系统将实现如下动作：

● 清零 SPCR 的 MSTR 位，使 SPI 成为从机，从而 MOSI 和 SCK 变为输入。

● SPSR 的 SPIF 置位。若 SPI 中断和全局中断开放，则中断服务程序将得到执行。

因此，使用中断方式处理 SPI 主机的数据传输，并且存在 SS 被拉低的可能性时，中断服务程序应该检查 MSTR 是否为 1。若被清零，用户必须将其置位，以重新使能 SPI 主机模式。

3. SPI 相关寄存器

（1）SPI 控制寄存器－SPCR。

定义如下：

Bit	7	6	5	4	3	2	1	0	
	SPIE	SPE	DORD	MSTR	CPOL	CPHA	SPR1	SPR0	SPCR
读/写	R/W	R/W	R/W	R	R/W	R/W	R/W	R/W	
初始值	0	0	0	0	0	0	0	0	

- Bit 7–SPIE：使能 SPI 中断。

置位后，只要 SPSR 寄存器的 SPIF 和 SREG 寄存器的全局中断使能位置位，就会引发 SPI 中断。

- Bit 6–SPE：使能 SPI。

SPE 置位将使能 SPI。进行任何 SPI 操作之前必须置位 SPE。

- Bit 5–DORD：数据次序。

DORD 置位时数据的 LSB 首先发送，否则数据的 MSB 首先发送。

- Bit 4–MSTR：主/从选择。

MSTR 置位时选择主机模式，否则为从机。如果 MSTR 为 1，SS 配置为输入，但被拉低，则 MSTR 被清零，寄存器 SPSR 的 SPIF 置位。用户必须重新设置 MSTR 进入主机模式。

- Bit 3–CPOL：时钟极性。

CPOL 置位表示空闲时 SCK 为高电平，否则空闲时 SCK 为低电平。CPOL 功能总结如表 2-5-2 所示。

表 2-5-2　CPOL 功能

CPOL	起始沿	结束沿
0	上升沿	下降沿
1	下降沿	上升沿

- Bit 2–CPHA：时钟相位。

CPHA 决定数据是在 SCK 的起始沿采样还是在 SCK 的结束沿采样。CPHA 功能总结如表 2-5-3 所示。

表 2-5-3　CPHA 功能

CPHA	起始沿	结束沿
0	采样	设置
1	设置	采样

- Bit 1，0–SPR1，0：SPI 时钟速率选择 1 与 0。

确定主机的 SCK 速率。SPR1 和 SPR0 对从机没有影响。SCK 和振荡器的时钟频率 f_{osc} 关系如表 2-5-4 所示。

表 2-5-4　SCK 和振荡器频率的关系

SPI2X	SPR1	SPR0	SCK
0	0	0	$f_{osc}/4$
0	0	1	$f_{osc}/16$

SPI2X	SPR1	SPR0	SCK
0	1	0	$f_{OSC}/64$
0	1	1	$f_{OSC}/128$
1	0	0	$f_{OSC}/2$
1	0	1	$f_{OSC}/8$
1	1	0	$f_{OSC}/32$
1	1	1	$f_{OSC}/64$

（2）SPI 状态寄存器－SPSR。

定义如下：

Bit	7	6	5	4	3	2	1	0	
	SPIF	WCOL	–	–	–	–	–	SPI2X	SPSR
读/写	R	R	R	R	R	R	R	R/W	
初始值	0	0	0	0	0	0	0	0	

● Bit 7–SPIF：SPI 中断标志。

串行发送结束后，SPIF 置位。若此时寄存器 SPCR 的 SPIE 和全局中断使能位置位，SPI 中断即产生。如果 SPI 为主机，SS 配置为输入，且被拉低，SPIF 也将置位。进入中断服务程序后 SPIF 自动清零。或者可以通过先读 SPSR，紧接着访问 SPDR 来对 SPIF 清零。

● Bit 6–WCOL：写碰撞标志。

在发送当中对 SPI 数据寄存器 SPDR 写数据将置位 WCOL。WCOL 可以通过先读 SPSR，紧接着访问 SPDR 来清零。

● Bit 5～1：保留。

保留位，读操作返回值为 0。

● Bit 0–SPI2X：SPI 倍速。

置位后 SPI 的速度加倍。若为主机，则 SCK 频率可达 CPU 频率的一半。若为从机，只能保证 $f_{OSC}/4$。ATmega16 的 SPI 接口同时还用来实现程序和 EEPROM 的下载和上载。

（3）SPI 数据寄存器－SPDR。

定义如下：

Bit	7	6	5	4	3	2	1	0	
	MSB	LSB	SPDR	MSB	LSB	SPDR	MSB	LSB	SPDR
读/写	R/W	R/W	R/W	R/W	R/W	R/W	R/W	R/W	
初始值	X	X	X	X	X	X	X	X	Undefined

SPI 数据寄存器为读/写寄存器，用来在寄存器文件和 SPI 移位寄存器之间传输数据。写寄存器将启动数据传输，读寄存器将读取寄存器的接收缓冲器。

5.2.2 通用串行接口 USART

1. ATmega16 USART 的特点

通用同步和异步串行接收器和转发器（USART）是一个高度灵活的串行通讯设备。主要特点为：

- 全双工操作（独立的串行接收和发送寄存器）。
- 异步或同步操作。
- 主机或从机提供时钟的同步操作。
- 高精度的波特率发生器。
- 支持 5、6、7、8 或 9 个数据位和 1 个或 2 个停止位。
- 硬件支持的奇偶校验操作。
- 数据过速检测。
- 帧错误检测。
- 噪声滤波，包括错误的起始位检测，以及数字低通滤波器。
- 三个独立的中断：发送结束中断，发送数据寄存器空中断，以及接收结束中断。
- 多处理器通讯模式。
- 倍速异步通讯模式。

2. 时钟产生

时钟产生逻辑为发送器和接收器产生基础时钟。USART 支持 4 种模式的时钟：正常的异步模式，倍速的异步模式，主机同步模式，以及从机同步模式。USART 控制位 UMSEL 和状态寄存器 C（UCSRC）用于选择异步模式和同步模式。倍速模式（只适用于异步模式）受控于 UCSRA 寄存器的 U2X。使用同步模式（UMSEL=1）时，XCK 的数据方向寄存器（DDR_XCK）决定时钟源是由内部产生（主机模式）还是由外部产生（从机模式）。仅在同步模式下 XCK 有效。

（1）内部时钟用于异步模式与同步主机模式。

USART 的波特率寄存器 UBRR 和降序计数器相连接，一起构成可编程的预分频器或波特率发生器。降序计数器对系统时钟计数，当其计数到零或 UBRRL 寄存器被写入时，会自动装入 UBRR 寄存器的值。当计数到零时产生一个时钟，该时钟作为波特率发生器的输出时钟，输出时钟的频率为 $f_{OSC}/(UBRR+1)$。发生器对波特率发生器的输出时钟进行 2、8 或 16 的分频，具体情况取决于工作模式。

波特率发生器的输出被直接用于接收器与数据恢复单元。数据恢复单元使用了一个有 2、8 或 16 个状态的状态机，具体状态数由 UMSEL、U2X 与 DDR_XCK 位设定的工作模式决定。表 2-5-5 给出了计算波特率（位/秒）以及计算每一种使用内部时钟源工作模式的 UBRR 值的公式。

表 2-5-5　波特率计算公式

使用模式	波特率的计算公式	UBRR 值的计算公式
异步正常模式（U2X = 0）	$f_{BAUD} = \dfrac{f_{OSC}}{16 \times (N_{UBRR}+1)}$	$N_{UBRR} = \dfrac{f_{OSC}}{16 \times f_{BAUD}} - 1$
异步倍速模式（U2X = 1）	$f_{BAUD} = \dfrac{f_{OSC}}{8 \times (N_{UBRR}+1)}$	$N_{UBRR} = \dfrac{f_{OSC}}{8 \times f_{BAUD}} - 1$
同步主机模式	$f_{BAUD} = \dfrac{f_{OSC}}{2 \times (N_{UBRR}+1)}$	$N_{UBRR} = \dfrac{f_{OSC}}{2 \times f_{BAUD}} - 1$

（2）倍速工作模式（U2X）。

通过设定 UCSRA 寄存器的 U2X 可以使传输速率加倍。该位只对异步工作模式有效。当工作在同步模式时，设置该位为 0。

设置该位把波特率分频器的分频值从 16 降到 8，使异步通信的传输速率加倍。此时接收器只使用一半的采样数对数据进行采样及时钟恢复，因此在该模式下需要更精确的系统时钟与更精确的波特率设置。发送器则没有这个要求。

（3）外部时钟。

同步从机操作模式由外部时钟驱动，输入到 XCK 引脚的外部时钟由同步寄存器进行采样，用以提高稳定性。同步寄存器的输出通过一个边沿检测器，然后应用于发送器与接收器。这一过程引入了两个 CPU 时钟周期的延时，因此外部 XCK 的最大时钟频率满足下述条件：

$$f_{XCK} < f_{OSC} / 4$$

（4）同步时钟操作。

使用同步模式时（UMSEL=1）XCK 引脚被用于时钟输入（从机模式）或时钟输出（主机模式）。时钟的边沿、数据的采样与数据的变化之间的关系的基本规律是：在改变数据输出端 TXD 的 XCK 时钟的相反边沿对数据输入端 RXD 进行采样。

UCRSC 寄存器的 UCPOL 位确定使用 XCK 时钟的哪个边沿对数据进行采样和改变输出数据。当 UCPOL=0 时，在 XCK 的上升沿改变输出数据，在 XCK 的下降沿进行数据采样；当 UCPOL=1 时，在 XCK 的下降沿改变输出数据，在 XCK 的上升沿进行数据采样。

3. 帧格式

串行数据帧由数据字加上同步位（开始位与停止位）以及用于纠错的奇偶校验位构成。

（1）数据帧格式。

USART 接受以下 30 种组合的数据帧格式：

- 1 个起始位。
- 5、6、7、8 或 9 个数据位。
- 无校验位、奇校验或偶校验位。
- 1 或 2 个停止位。

数据帧以起始位开始，紧接着是数据字的最低位，数据字最多可以有 9 个数据位，以数据的最高位结束。如果使能了校验位，校验位将紧接着数据位，最后是结束位。当一个完整的数据帧传输后，可以立即传输下一个新的数据帧，或使传输线处于空闲状态。图 2-5-1 所示为可能的数据帧结构组合。括号中的位是可选的。

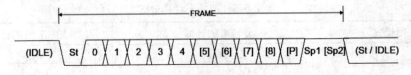

图 2-5-1　数据帧的组合

图中 St 起始位总是为低电平。

- （n）数据位（0~8）。
- P 校验位，可以为奇校验或偶校验。

- Sp 停止位，总是为高电平。
- IDLE 通讯线上没有数据传输（RXD 或 TXD），线路空闲时必须为高电平。

数据帧的结构由 UCSRB 和 UCSRC 寄存器中的 UCSZ2～0、UPM1，0、USBS 设定。接收与发送使用相同的设置。设置的任何改变都可能破坏正在进行的数据传送与接收。

USART 的字长位 UCSZ2～0 确定了数据帧的数据位数；校验模式位 UPM1，0 用于使能与决定校验的类型；USBS 位设置帧有一位或两位结束位。接收器忽略第二个停止位，因此帧错误（FE）只在第一个结束位为 0 时被检测到。

（2）校验位的计算。

校验位的计算是对数据的各个位进行异或运算。如果选择了奇校验，则异或结果还需要取反。校验位与数据位的关系如下：

$$P_{even} = d_{n-1} \oplus \cdots \oplus d_3 \oplus d_2 \oplus d_1 \oplus d_0 \oplus 0$$
$$P_{old} = d_{n-1} \oplus \cdots \oplus d_3 \oplus d_2 \oplus d_1 \oplus d_0 \oplus 1$$

P_{even} 为偶校验结果，P_{old} 为奇校验位结果，d_n 为第 n 个数据位。

校验位处于最后一个数据位与第一个停止位之间。

4. USART 的初始化

进行通信之前首先要对 USART 进行初始化。初始化过程通常包括波特率的设定，帧结构的设定，以及根据需要使能接收器或发送器。对于中断驱动的 USART 操作，在初始化时首先要清零全局中断标志位（全局中断被屏蔽）。

重新改变 USART 的设置应该在没有数据传输的情况下进行。TXC 标志位可以用来检验一个数据帧的发送是否已经完成，RXC 标志位可以用来检验接收缓冲器中是否还有数据未读出。在每次发送数据之前（在写发送数据寄存器 UDR 前）TXC 标志位必须清零。以下是 USART 初始化程序示例。例程采用了轮询（中断被禁用）的异步操作，而且帧结构是固定的。波特率作为函数参数给出。在汇编程序里波特率参数保存于寄存器 R17 和 R16。当写入 UCSRC 寄存器时，由于 UBRRH 与 UCSRC 共用 I/O 地址，URSEL 位（MSB）必须置位。

C 代码例程（本代码假定已经包含了合适的头文件）：

```
void USART_Init( unsigned int baud )
{
/*  设置波特率*/
UBRRH = (unsigned char)(baud>>8);
UBRRL = (unsigned char)baud;
/*  接收器与发送器使能*/
UCSRB = (1<<RXEN)|(1<<TXEN);
/*  设置帧格式：8 个数据位，2 个停止位*/
UCSRC = (1<<URSEL)|(1<<USBS)|(3<<UCSZ0);
}
```

更高级的初始化程序可将帧格式作为参数、禁止中断等。然而许多应用程序使用固定的波特率与控制寄存器。此时初始化代码可以直接放在主程序中，或与其他 I/O 模块的初始化代码组合到一起。

5. 数据发送–USART 发送器

置位 UCSRB 寄存器的发送允许位 TXEN 将使能 USART 的数据发送。使能后 TXD 引脚的通用 I/O 功能即被 USART 功能所取代，成为发送器的串行输出引脚。发送数据之前要设置好波特率、工作模式与帧结构。如果使用同步发送模式，施加于 XCK 引脚上的时钟信号即为数据发送的时钟。

（1）发送 5 到 8 位数据位的帧

将需要发送的数据加载到发送缓存器将启动数据发送。加载过程即为 CPU 对 UDR 寄存器的写操作。当移位寄存器可以发送新一帧数据时，缓冲的数据将转移到移位寄存器。当移位寄存器处于空闲状态（没有正在进行的数据传输），或前一帧数据的最后一个停止位传送结束，它将加载新的数据。一旦移位寄存器加载了新的数据，就会按照设定的波特率完成数据的发送。

以下程序给出一个对 UDRE 标志采用轮询方式发送数据的例子。当发送的数据少于 8 位时，写入 UDR 相应位置的高几位将被忽略。当然，执行本段代码之前首先要初始化 USART。在汇编代码中要发送的数据存放于 R16。

C 代码例程（本代码假定已经包含了合适的头文件）：

```
void USART_Transmit( unsigned char data )
{
    /* 等待发送缓冲器为空  */
    while ( !( UCSRA & (1<<UDRE)));
    /* 将数据放入缓冲器，发送数据  */
    UDR = data;
}
```

这个程序只是在载入新的要发送的数据前，通过检测 UDRE 标志等待发送缓冲器为空。

如果使用了数据寄存器空中断，则数据写入缓冲器的操作在中断程序中进行。

（2）发送 9 位数据位的帧。

如果发送 9 位数据的数据帧（UCSZ = 7），应先将数据的第 9 位写入寄存器 UCSRB 的 TXB8，然后再将低 8 位数据写入发送数据寄存器 UDR。以下程序给出发送 9 位数据的数据帧例子。在汇编代码中要发送的数据存放在 R17 和 R16 寄存器中。

C 代码例程（本代码假定已经包含了合适的头文件）：

```
void USART_Transmit( unsigned int data )
{
    /* 等待发送缓冲器为空  */
    while ( !( UCSRA & (1<<UDRE)));
    /* 将第 9 位复制到 TXB8 */
    UCSRB &= ~(1<<TXB8);
    if ( data & 0x0100 )
    UCSRB |= (1<<TXB8);
    /* 将数据放入缓冲器，发送数据  */
    UDR = data;
}
```

第 9 位数据在多机通信中用于表示地址帧，在同步通信中可以用于协议处理。

（3）传送标志位与中断。

USART 发送器有两个标志位：USART 数据寄存器空标志 UDRE 及传输结束标志 TXC，两个标志位都可以产生中断。

数据寄存器空 UDRE 标志位表示发送缓冲器是否可以接受一个新的数据。该位在发送缓冲器空时被置 1；当发送缓冲器包含需要发送的数据时清零。为与将来的器件兼容，写 UCSRA 寄存器时该位要写 0。

当 UCSRB 寄存器中的数据寄存器空中断使能位 UDRIE 为 1 时，只要 UDRE 被置位（且全局中断使能），就将产生 USART 数据寄存器空中断请求。对寄存器 UDR 执行写操作将清零 UDRE。

当采用中断方式传输数据时，在数据寄存器空中断服务程序中必须写一个新的数据到 UDR 以清零 UDRE，或者是禁止数据寄存器空中断。否则一旦该中断程序结束，一个新的中断将再次产生。

当整个数据帧移出发送移位寄存器，同时发送缓冲器中又没有新的数据时，发送结束标志 TXC 置位。TXC 在传送结束中断执行时自动清零，也可在该位写 1 来清零。TXC 标志位对于采用如 RS-485 标准的半双工通信接口十分有用。在这些应用里，一旦传送完毕，应用程序必须释放通信总线并进入接收状态。

当 UCSRB 上的发送结束中断使能位 TXCIE 与全局中断使能位均被置为 1 时，随着 TXC 标志位的置位，USART 发送结束中断将被执行。一旦进入中断服务程序，TXC 标志位即被自动清零，中断处理程序不必执行 TXC 清零操作。

（4）奇偶校验产生电路。

奇偶校验产生电路为串行数据帧生成相应的校验位。校验位使能（UPM1=1）时，发送控制逻辑电路会在数据的最后一位与第一个停止位之间插入奇偶校验位。

（5）禁止发送器。

TXEN 清零后，只有等到所有的数据发送完成后发送器才能够真正禁止，即发送移位寄存器与发送缓冲寄存器中没有要传送的数据。发送器禁止后，TXD 引脚恢复其通用 I/O 功能。

6．数据接收 – USART 接收器

置位 UCSRB 寄存器的接收允许位（RXEN）即可启动 USART 接收器。接收器使能后 RXD 的普通引脚功能被 USART 功能所取代，成为接收器的串行输入口。进行数据接收之前首先要设置好波特率、操作模式及帧格式。如果使用同步操作，XCK 引脚上的时钟被用为传输时钟。

（1）以 5 到 8 个数据位的方式接收数据帧。

一旦接收器检测到一个有效的起始位，便开始接收数据。起始位后的每一位数据都将以所设定的波特率或 XCK 时钟进行接收，直到收到一帧数据的第一个停止位。接收到的数据被送入接收移位寄存器。第二个停止位会被接收器忽略。接收到第一个停止位后，接收移位寄存器就包含了一个完整的数据帧。这时移位寄存器中的内容将被转移到接收缓冲器中。通过读取 UDR 就可以获得接收缓冲器的内容。

以下程序给出一个对 RXC 标志采用轮询方式接收数据的例子。当数据帧少于 8 位时，从 UDR 读取的相应的高几位为 0。当然，执行本段代码之前首先要初始化 USART。

C 代码例程（本代码假定已经包含了合适的头文件）：

```
unsigned char USART_Receive( void )
{
    /* 等待接收数据*/
    while ( !(UCSRA & (1<<RXC)));
    /* 从缓冲器中获取并返回数据*/
    return UDR;
}
```

在读缓冲器并返回之前，函数通过检查 RXC 标志来等待数据送入接收缓冲器。

（2）以 9 个数据位的方式接收帧。

如果设定了 9 位数据的数据帧（UCSZ=7），在从 UDR 读取低 8 位之前必须首先读取寄存器 UCSRB 的 RXB8 以获取第 9 位数据。这个规则同样适用于状态标志位 FE、DOR 及 UPE。状态通过读取 UCSRA 获得，数据通过 UDR 获得。读取 UDR 存储单元会改变接收缓冲器 FIFO 的状态，进而改变同样存储在 FIFO 中的 TXB8、FE、DOR 及 UPE 位。

下面的代码示例展示了一个简单的 USART 接收函数，说明如何处理 9 位数据及状态位。

C 代码例程（本代码假定已经包含了合适的头文件）：

```c
unsigned int USART_Receive( void )
{
    unsigned char status, resh, resl;
    /* 等待接收数据*/
    while ( !(UCSRA & (1<<RXC)) );
    /* 从缓冲器中获得状态、第 9 位及数据*/
    /* from buffer */
    status = UCSRA;
    resh = UCSRB;
    resl = UDR;
    /* 如果出错，返回-1 */
    if ( status & (1<<FE)|(1<<DOR)|(1<<PE) )
    return -1;
    /* 过滤第 9 位数据，然后返回*/
    resh = (resh >> 1) & 0x01;
    return ((resh << 8) | resl);
}
```

上述例子在进行任何计算之前将所有的 I/O 寄存器的内容读到寄存器文件中。这种方法优化了对接收缓冲器的利用。它尽可能早地释放了缓冲器以接收新的数据。

（3）接收结束标志及中断。

USART 接收器有一个标志用来指明接收器的状态。

接收结束标志（RXC）用来说明接收缓冲器中是否有未读出的数据。当接收缓冲器中有未读出的数据时，此位为 1，当接收缓冲器空时为 0（即不包含未读出的数据）。如果接收器被禁止（RXEN=0），接收缓冲器会被刷新，从而使 RXC 清零。

置位 UCSRB 的接收结束中断使能位（RXCIE）后，只要 RXC 标志置位（且全局中断使能）就会产生 USART 接收结束中断。使用中断方式进行数据接收时，数据接收结束中断服务程序程序必须从 UDR 读取数据以清零 RXC 标志，否则只要中断处理程序一结束，一个新的中断就会产生。

（4）接收器错误标志。

USART 接收器有三个错误标志：帧错误（FE）、数据溢出（DOR）及奇偶校验错误（UPE）。它们都位于寄存器 UCSRA。错误标志与数据帧一起保存在接收缓冲器中。由于读取 UDR 会改变缓冲器，UCSRA 的内容必须在读接收缓冲器（UDR）之前读入。错误标志的另一个同一性是它们都不能通过软件写操作来修改。但是为了保证与将来产品的兼容性，对 UCSRA 执行写操作时必须对这些错误标志所在的位置写 0。所有的错误标志都不能产生中断。

帧错误标志（FE）表明了存储在接收缓冲器中的下一个可读帧的第一个停止位的状态。停止位正确（为 1）则 FE 标志为 0，否则 FE 标志为 1。这个标志可用来检测同步丢失、传输中断，也可用于协议处理。UCSRC 中 USBS 位的设置不影响 FE 标志位，因为除了第一位，接收器忽略所有其他的停止位。为了与以后的器件相兼容，写 UCSRA 时这一位必须置 0。

数据溢出标志（DOR）表明由于接收缓冲器满造成了数据丢失。当接收缓冲器满（包含了两个数据），接收移位寄存器又有数据，若此时检测到一个新的起始位，数据溢出就产生了。DOR 标志位置位即表明在最近一次读取 UDR 和下一次读取 UDR 之间丢失了一个或更多的数据帧。为了与以后的器件相兼容，写 UCSRA 时这一位必须置 0。当数据帧成功地从移位寄存器转入接收缓冲器后，DOR 标志被清零。

奇偶校验错标志（UPE）指出，接收缓冲器中的下一帧数据在接收时有奇偶错误。如果不使能奇偶校验，那么 UPE 位应清零。为了与以后的器件相兼容，写 UCSRA 时这一位必须置 0。

（5）奇偶校验器。

奇偶校验模式位 UPM1 置位将启动奇偶校验器。校验的模式（偶校验还是奇校验）由 UPM0 确定。奇偶校验使能后，校验器将计算输入数据的奇偶并把结果与数据帧的奇偶位进行比较。校验结果将与数据和停止位一起存储在接收缓冲器中。这样就可以通过读取奇偶校验错误标志位（UPE）来检查接收的帧中是否有奇偶错误。如果下一个从接收缓冲器中读出的数据有奇偶错误，并且奇偶校验使能（UPM1=1），则 UPE 置位。直到接收缓冲器（UDR）被读取，这一位一直有效。

（6）禁止接收器。

与发送器对比，禁止接收器即刻起作用，正在接收的数据将丢失。禁止接收器（RXEN 清零）后，接收器将不再占用 RXD 引脚，接收缓冲器 FIFO 也会被刷新，缓冲器中的数据将丢失。

（7）刷新接收缓冲器。

禁止接收器时缓冲器 FIFO 被刷新，缓冲器被清空，导致未读出的数据丢失。如果由于出错而必须在正常操作下刷新缓冲器，则需要一直读取 UDR 直到 RXC 标志清零。下面的代码展示了如何刷新接收缓冲器。

C 代码例程（本代码假定已经包含了合适的头文件）：

```
void USART_Flush( void )
{
    unsigned char dummy;
    while ( UCSRA & (1<<RXC) );
    dummy = UDR;
}
```

7. USART 寄存器描述

（1）USART I/O 数据寄存器—UDR。

定义如下：

Bit	7	6	5	4	3	2	1	0	
	RXB[7~0]								UDR(Read)
	TXB[7~0]								UDR(Write)
读/写	R/W	R/W	R/W	R/W	R/W	R/W	R/W	R/W	
初始值	0	0	0	0	0	0	0	0	

USART 发送数据缓冲寄存器和 USART 接收数据缓冲寄存器共享相同的 I/O 地址，称为 USART 数据寄存器或 UDR。将数据写入 UDR 时实际操作的是发送数据缓冲寄存器（TXB），读 UDR 时实际返回的是接收数据缓冲寄存器（RXB）的内容。

在 5、6、7 比特字长模式下，未使用的高位被发送器忽略，而接收器则将它们设置为 0。只有当 UCSRA 寄存器的 UDRE 标志置位后才可以对发送缓冲器进行写操作。如果 UDRE 没有置位，那么写入 UDR 的数据会被 USART 发送器忽略。当数据写入发送缓冲器后，若移位寄存器为空，发送器将把数据加载到发送移位寄存器。然后数据串行地从 TXD 引脚输出。

接收缓冲器包括一个两级 FIFO，一旦接收缓冲器被寻址，FIFO 就会改变它的状态。因此不要对这一存储单元使用读－修改－写指令（SBI 和 CBI）。使用位查询指令（SBIC 和 SBIS）时也要小心，因为这也有可能改变 FIFO 的状态。

（2）USART 控制和状态寄存器 A－UCSRA。

定义如下：

Bit	7	6	5	4	3	2	1	0	
	RXC	TXC	UDRE	FE	DOR	PE	U2X	MPCM	UCSRA
读/写	R	R/W	R	R	R	R	R/W	R/W	
初始值	0	0	0	0	0	0	0	0	

- Bit 7–RXC：USART 接收结束。

接收缓冲器中有未读出的数据时 RXC 置位，否则清零。接收器禁止时，接收缓冲器被刷新，导致 RXC 清零。RXC 标志可用来产生接收结束中断。

- Bit 6–TXC：USART 发送结束。

发送移位缓冲器中的数据被送出，且当发送缓冲器（UDR）为空时 TXC 置位。执行发送结束中断时 TXC 标志自动清零，也可以通过写 1 进行清除操作。TXC 标志可用来产生发送结束中断。

- Bit 5–UDRE：USART 数据寄存器空。

UDRE 标志指出发送缓冲器（UDR）是否准备好接收新数据。UDRE 为 1 说明缓冲器为空，已准备好进行数据接收。UDRE 标志可用来产生数据寄存器空中断。复位后 UDRE 置位，表明发送器已经就绪。

- Bit 4–FE：帧错误。

如果接收缓冲器接收到的下一个字符有帧错误，即接收缓冲器中的下一个字符的第一个停止位为 0，那么 FE 置位。这一位一直有效，直到接收缓冲器（UDR）被读取。当接收到的停止位为 1 时，FE 标志为 0。对 UCSRA 进行写入时，这一位要写 0。

- Bit 3–DOR：数据溢出。

数据溢出时 DOR 置位。当接收缓冲器满（包含了两个数据），接收移位寄存器又有数据，若此时检测到一个新的起始位，数据溢出就产生了。这一位一直有效，直到接收缓冲器（UDR）被读取。对 UCSRA 进行写入时，这一位要写 0。

- Bit 2–PE：奇偶校验错误。

当奇偶校验使能（UPM1=1），且接收缓冲器中所接收到的下一个字符有奇偶校验错误时 UPE 置位。这一位一直有效，直到接收缓冲器（UDR）被读取。对 UCSRA 进行写入时，这一位要写 0。

- Bit 1–U2X：倍速发送。

这一位仅对异步操作有影响。使用同步操作时将此位清零。此位置 1 可将波特率分频因子从 16 降到 8，从而有效地将异步通信模式的传输速率加倍。

- Bit 0–MPCM：多处理器通信模式。

设置此位将启动多处理器通信模式。MPCM 置位后，USART 接收器接收到的那些不包含地址信息的输入帧都将被忽略。发送器不受 MPCM 设置的影响。

（3）USART 控制和状态寄存器 B－UCSRB。

定义如下：

Bit	7	6	5	4	3	2	1	0	
	RXCIE	TXCIE	UDRIE	RXEN	TXEN	UCSZ2	RXB8	TXB8	UCSRB
读/写	R/W	R/W	R/W	R/W	R/W	R/W	R	R/W	
初始值	0	0	0	0	0	0	0	0	

- Bit 7–RXCIE：接收结束中断使能。

置位后使能 RXC 中断。当 RXCIE 为 1，全局中断标志位 SREG 置位，UCSRA 寄存器的 RXC 亦为 1 时可以产生 USART 接收结束中断。

- Bit 6–TXCIE：发送结束中断使能。

置位后使能 TXC 中断。当 TXCIE 为 1，全局中断标志位 SREG 置位，UCSRA 寄存器的 TXC 亦为 1 时可以产生 USART 发送结束中断。

- Bit 5–UDRIE：USART 数据寄存器空中断使能。

置位后使能 UDRE 中断。当 UDRIE 为 1，全局中断标志位 SREG 置位，UCSRA 寄存器的 UDRE 亦为 1 时可以产生 USART 数据寄存器空中断。

- Bit 4–RXEN：接收使能。

置位后将启动 USART 接收器。RXD 引脚的通用端口功能被 USART 功能所取代。禁止接收器将刷新接收缓冲器，并使 FE、DOR 及 PE 标志无效。

- Bit 3–TXEN：发送使能。

置位后将启动 USART 发送器。TXD 引脚的通用端口功能被 USART 功能所取代。TXEN 清零后，只有等到所有的数据发送完成后发送器才能够真正禁止，即发送移位寄存器与发送缓冲寄存器中没有要传送的数据。发送器禁止后，TXD 引脚恢复其通用 I/O 功能。

- Bit 2–UCSZ2：字符长度。

UCSZ2 与 UCSRC 寄存器的 UCSZ1 和 UCSZ0 结合在一起可以设置数据帧所包含的数据位数（字符长度）。

- Bit 1–RXB8：接收数据位 8。

对 9 位串行帧进行操作时，RXB8 是第 9 个数据位。读取 UDR 包含的低位数据之前首先要读取 RXB8。

- Bit 0–TXB8：发送数据位 8。

对 9 位串行帧进行操作时，TXB8 是第 9 个数据位。写 UDR 之前首先要对它进行写操作。

（4）USART 控制和状态寄存器 C－UCSRC。

定义如下：

Bit	7	6	5	4	3	2	1	0	
	URSEL	UMSEL	UPM1	UPM0	USBS	UCSZ1	UCSZ0	UCPOL	UCSRC
读/写	R/W	R/W	R/W	R/W	R/W	R/W	R/W	R/W	
初始值	0	0	0	0	0	0	0	0	

UCSRC 寄存器与 UBRRH 寄存器共用相同的 I/O 地址。

- Bit 7–URSEL：寄存器选择。

通过该位选择访问 UCSRC 寄存器或 UBRRH 寄存器。当读 UCSRC 时，该位为 1；当写 UCSRC 时，URSEL 为 1。

● Bit 6–UMSEL：USART 模式选择。

通过这一位来选择同步或异步工作模式。当 UMSEL=1 时，选择同步操作；当 UMSEL=0 时，选择异步操作。

● Bit 5，4–UPM1，0：奇偶校验模式。

这两位设置奇偶校验的模式并使能奇偶校验。如果使能了奇偶校验，那么在发送数据时，发送器都会自动产生并发送奇偶校验位。对每一个接收到的数据，接收器都会产生一奇偶值，并与 UPM0 所设置的值进行比较。如果不匹配，那么就将 UCSRA 中的 PE 置位。具体设置如表 2-5-6 所示。

表 2-5-6　奇偶校验模式设置

UPM1	UPM0	奇偶模式
0	0	禁止
0	1	保留

● Bit 3 – USBS：停止位选择。

通过这一位可以设置停止位的位数。接收器忽略这一位的设置。具体设置如表 2-5-7 所示。

表 2-5-7　停止位选择设置

USBS	停止位位数
0	1
1	2

● Bit 2，1–UCSZ1，0：字符长度。

UCSZ1，0 与 UCSRB 寄存器的 UCSZ2 结合在一起可以设置数据帧包含的数据位数（字符长度）。具体设置如表 2-5-8 所示。

表 2-5-8　字符长度设置

UCSZ2	UCSZ1	UCSZ0	字符长度
0	0	0	5 位
0	0	1	6 位
0	1	0	7 位
0	1	1	8 位
1	0	0	保留
1	0	1	保留
1	1	0	保留
1	1	1	9 位

● Bit 0 – UCPOL：时钟极性。

这一位仅用于同步工作模式。使用异步模式时，将这一位清零。UCPOL 设置了输出数据的改变和输入数据采样，以及同步时钟 XCK 之间的关系。具体设置如表 2-5-9 所示。

表 2-5-9　时钟极性设置

UCPOL	发送数据的改变（TXD 引脚的输出）	接收数据的采样（RXD 引脚的输入）
0	XCK 上升沿	XCK 下降沿
1	XCK 下降沿	XCK 上升沿

（5）USART 波特率寄存器—UBRRL 和 UBRRH。

定义如下：

Bit	15	14	13	12	11	10	9	8	
	URSEL	–	–	–	UBRR[11~8]				UBRRH
	UBRR[7~0]								UBRRL
	7	6	5	4	3	2	1	0	
读/写	R/W	R	R	R	R/W	R/W	R/W	R/W	
	R/W	R/W	R/W	R/W	R/W	R/W	R/W	R/W	
初始值	0	0	0	0	0	0	0	0	
	0	0	0	0	0	0	0	0	

UCSRC 寄存器与 UBRRH 寄存器共用相同的 I/O 地址。

● Bit 15–URSEL：寄存器选择。

通过该位选择访问 UCSRC 寄存器或 UBRRH 寄存器。当读 UBRRH 时，该位为 0；当写 UBRRH 时，URSEL 为 0。

● Bit 14~12：保留位。

这些位是为以后的使用而保留的。为了与以后的器件兼容，写 UBRRH 时将这些位清零。

● Bit 11~0–UBRR11~0：USART 波特率寄存器。

这个 12 位的寄存器包含了 USART 的波特率信息。其中 UBRRH 包含了 USART 波特率高 4 位，UBRRL 包含了低 8 位。波特率的改变将造成正在进行的数据传输受到破坏。写 UBRRL 将立即更新波特率分频器。

5.2.3　两线串行接口 TWI

1. ATmega16 TWI 的特点

● 简单，但是强大而灵活的通信接口，只需要两根线。

● 支持主机和从机操作。

● 器件可以工作于发送器模式或接收器模式。

● 7 位地址空间允许有 128 个从机。

● 支持多主机仲裁。

● 高达 400 kHz 的数据传输率。

● 斜率受控的输出驱动器。

● 可以抑制总线尖峰的噪声抑制器。

● 完全可编程的从机地址以及公共地址。

● 睡眠时地址匹配可以唤醒 AVR。

2. 两线串行接口总线定义

两线接口 TWI 很适合于典型的处理器应用。TWI 协议允许系统设计者只用两根双向传输线就可以将 128 个不同的设备互连到一起。这两根线一是时钟 SCL，一是数据 SDA。外部硬件只需要两个上拉电阻，每根线上一个。所有连接到总线上的设备都有自己的地址。TWI 协议解决了总线仲裁的问题。

3. TWI 模块综述

TWI 模块由比特率发生器单元、总线接口单元、地址匹配单元、控制单元等几个子模块组成，所有位于粗线之中的寄存器可以通过 AVR 数据总线进行访问。

（1）SCL 和 SDA 引脚。

SCL 与 SDA 为 MCU 的 TWI 接口引脚。引脚的输出驱动器包含一个波形斜率限制器以满足 TWI 规范。引脚的输入部分包括尖峰抑制单元以去除小于 50ns 的毛刺。当相应的端口设置为 SCL 与 SDA 引脚时，可以使能 I/O 口内部的上拉电阻，这样可省掉外部的上拉电阻。

（2）比特率发生器单元。

TWI 工作于主机模式时，比特率发生器控制时钟信号 SCL 的周期。具体由 TWI 状态寄存器 TWSR 的预分频系数以及比特率寄存器 TWBR 设定。当 TWI 工作在从机模式时，不需要对比特率或预分频进行设定，但从机的 CPU 时钟频率必须大于 TWI 时钟线 SCL 频率的 16 倍。注意，从机可能会延长 SCL 低电平的时间，从而降低 TWI 总线的平均时钟周期。SCL 的频率根据以下的公式产生：

$$f_{SCL} = \frac{f_{CPUCLK}}{16 + 2 \times N_{TWBR} \times N_{TWPS}}$$

其中，f_{CPUCLK} 为 CPU 的时钟频率，N_{TWBR} 为 TWI 比特率寄存器的数值，N_{TWPS} 为 TWI 状态寄存器预分频的数值。

TWI 工作在主机模式时，TWBR 值应该不小于 10，否则主机会在 SDA 与 SCL 产生错误输出作为提示信号。此问题会出现于 TWI 工作在主机模式下，向从机发送 Start+SLA+R/W 的时候（不需要真的有从机与总线连接）。

（3）总线接口单元。

该单元包括数据与地址移位寄存器 TWDR，START/STOP 控制器和总线仲裁判定硬件电路。TWDR 寄存器用于存放发送或接收的数据或地址。除了 8 位的 TWDR，总线接口单元还有一个寄存器，包含了用于发送或接收应答的（N）ACK。这个（N）ACK 寄存器不能由程序直接访问。当接收数据时，它可以通过 TWI 控制寄存器 TWCR 来置位或清零；在发送数据时，（N）ACK 值由 TWCR 的设置决定。

START/STOP 控制器负责产生和检测 TWI 总线上的 START、REPEATEDSTART 与 STOP 状态。即使在 MCU 处于休眠状态时，START/STOP 控制器仍然能够检测 TWI 总线上的 START/STOP 条件，当检测到自己被 TWI 总线上的主机寻址时，将 MCU 从休眠状态唤醒。

如果 TWI 以主机模式启动了数据传输，仲裁检测电路将持续监听总线，以确定是否可以通过仲裁获得总线控制权。如果总线仲裁单元检测到自己在总线仲裁中丢失了总线控制权，则通知 TWI 控制单元执行正确的动作，并产生合适的状态码。

（4）地址匹配单元。

地址匹配单元将检测从总线上接收到的地址是否与 TWAR 寄存器中的 7 位地址相匹配。如果 TWAR 寄存器的 TWI 广播应答识别使能位 TWGCE 为 1，从总线接收到的地址也会与广播地址进行比较。一旦地址匹配成功，控制单元将得到通知以进行正确地响应。TWI 可以响应，也可以不响应主机的寻址，这取决于 TWCR 寄存器的设置。即使 MCU 处于休眠状态时，地址匹配单元仍可继续工作。一旦主机寻址到这个器件，就可以将 MCU 从休眠状态唤醒。

（5）控制单元。

控制单元监听 TWI 总线，并根据 TWI 控制寄存器 TWCR 的设置作出相应的响应。当 TWI 总线上产生需要应用程序干预处理的事件时，TWI 中断标志位 TWINT 置位。在下一个时钟周期，TWI 状态寄存器 TWSR 被表示这个事件的状态码字所更新。在其他时间里，TWSR 的内容为一个表示无事件发生的特殊状态字。一旦 TWINT 标志位置 1，时钟线 SCL 即被拉低，暂停 TWI 总线上的数据传输，让用户程序处理事件。

在下列状况出现时，TWINT 标志位置位：

- 在 TWI 传送完 START/REPEATEDSTART 信号之后。
- 在 TWI 传送完 SLA+R/W 数据之后。
- 在 TWI 传送完地址字节之后。
- 在 TWI 总线仲裁失败之后。
- 在 TWI 被主机寻址之后（广播方式或从机地址匹配）。
- 在 TWI 接收到一个数据字节之后。
- 作为从机工作时，TWI 接收到 STOP 或 REPEATEDSTART 信号之后。
- 由于非法的 START 或 STOP 信号造成总线错误时。

4. TWI 寄存器说明

（1）TWI 比特率寄存器－TWBR。

定义如下：

Bit	7	6	5	4	3	2	1	0	
	TWBR7	TWBR6	TWBR5	TWBR4	TWBR3	TWBR2	TWBR1	TWBR0	TWBR
读/写	R/W	R/W	R/W	R/W	R/W	R/W	R/W	R/W	
初始值	0	0	0	0	0	0	0	0	

- Bit 7～0 – TWI 比特率寄存器。

TWBR 为比特率发生器分频因子。比特率发生器是一个分频器，在主机模式下产生 SCL 时钟频率。

（2）TWI 控制寄存器－TWCR。

定义如下：

Bit	7	6	5	4	3	2	1	0	
	TWINT	TWEA	TWSTA	TWSTO	TWWC	TWEN	–	TWIE	TWCR
读/写	R/W	R/W	R/W	R/W	R	R/W	R	R/W	
初始值	0	0	0	0	0	0	0	0	

TWCR 用来控制 TWI 操作。它用来使能 TWI，通过施加 START 到总线上来启动主机访问，产生接收器应答，产生 STOP 状态，以及在写入数据到 TWDR 寄存器时控制总线的暂停等。这个寄存器还可以给出在 TWDR 无法访问期间，试图将数据写入到 TWDR 而引起的写入冲突信息。

● Bit 7–TWINT：TWI 中断标志。

当 TWI 完成当前工作，希望应用程序介入时 TWINT 置位。若 SREG 的 I 标志以及 TWCR 寄存器的 TWIE 标志也置位，则 MCU 执行 TWI 中断例程。当 TWINT 置位时，SCL 信号的低电平被延长。TWINT 标志的清零必须通过软件写 1 来完成。执行中断时硬件不会自动将其改写为 0。要注意的是，只要这一位被清零，TWI 立即开始工作。因此，在清零 TWINT 之前一定要首先完成对地址寄存器 TWAR，状态寄存器 TWSR，以及数据寄存器 TWDR 的访问。

● Bit 6–TWEA：使能 TWI 应答。

TWEA 标志控制应答脉冲的产生。若 TWEA 置位，出现如下条件时接口发出 ACK 脉冲：

①器件的从机地址与主机发出的地址相符合。

②TWAR 的 TWGCE 置位时接收到广播呼叫。

③在主机/从机接收模式下接收到一个字节的数据。

④将 TWEA 清零可以使器件暂时脱离总线。置位后器件重新恢复地址识别。

● Bit 5–TWSTA：TWISTART 状态标志。

当 CPU 希望自己成为总线上的主机时需要置位 TWSTA。TWI 硬件检测总线是否可用。若总线空闲，接口就在总线上产生 START 状态。若总线忙，接口就一直等待，直到检测到一个 STOP 状态，然后产生 START 以声明自己希望成为主机。发送 START 之后软件必须清零 TWSTA。

● Bit 4–TWSTO：TWISTOP 状态标志。

在主机模式下，如果置位 TWSTO，TWI 接口将在总线上产生 STOP 状态，然后 TWSTO 自动清零。在从机模式下，置位 TWSTO 可以使接口从错误状态恢复到未被寻址的状态。此时总线上不会有 STOP 状态产生，但 TWI 返回一个定义好的未被寻址的从机模式且释放 SCL 与 SDA 为高阻态。

● Bit 3–TWWC：TWI 写碰撞标志。

当 TWINT 为低时写数据寄存器 TWDR 将置位 TWWC。当 TWINT 为高时，每一次对 TWDR 的写访问都将更新此标志。

● Bit 2–TWEN：TWI 使能。

TWEN 位用于使能 TWI 操作与激活 TWI 接口。当 TWEN 位被写为 1 时，TWI 引脚将 I/O 引脚切换到 SCL 与 SDA 引脚，使能波形斜率限制器与尖峰滤波器。如果该位清零，TWI 接口模块将被关闭，所有 TWI 传输将被终止。

● Bit 1：保留。

保留，读返回值为 0。

● Bit 0–TWIE：使能 TWI 中断。

当 SREG 的 I 以及 TWIE 置位时，只要 TWINT 为 1，TWI 中断就激活。

（3）TWI 状态寄存器－TWSR。

定义如下：

Bit	7	6	5	4	3	2	1	0	
	TWS7	TWS6	TWS5	TWS4	TWS3	–	TWPS1	TWPS0	TWSR
读/写	R	R	R	R	R	R	R/W	R/W	
初始值	1	1	1	1	1	0	0	0	

- Bits 7～3 – TWS：TWI 状态。

这 5 位用来反映 TWI 逻辑和总线的状态。不同的状态代码将会在后面的部分描述。注意从 TWSR 读出的值包括 5 位状态值与 2 位预分频值。检测状态位时设计者应屏蔽预分频位为 0。这样能使状态检测独立于预分频器设置。

- Bit 2：保留。

保留，读返回值为 0。

- Bit 1，0 – TWPS：TWI 预分频位。

这两位可读/写，用于控制比特率预分频因子，具体设置如表 2-5-10 所示。

表 2-5-10　TWI 比特率预分频器

TWPS1	TWPS0	预分频器值
0	0	1
0	1	4
1	0	16
1	1	64

（4）TWI 数据寄存器－TWDR。

定义如下：

Bit	7	6	5	4	3	2	1	0	
	TWD7	TWD6	TWD5	TWD4	TWD3	TWD2	TWD1	TWD0	TWDR
读/写	R	R	R	R	R	R	R	R	
初始值	1	1	1	1	1	1	1	1	

- Bits 7～0 – TWD：TWI 数据寄存器。

根据状态的不同，其内容为要发送的下一个字节，或是接收到的数据。

在发送模式，TWDR 包含了要发送的字节；在接收模式，TWDR 包含了接收到的数据。当 TWI 接口没有进行移位工作（TWINT 置位）时这个寄存器是可写的。在第一次中断发生之前用户不能够初始化数据寄存器。只要 TWINT 置位，TWDR 的数据就是稳定的。在数据移出时，总线上的数据同时移入寄存器。TWDR 总是包含了总线上出现的最后一个字节，除非 MCU 是从掉电或省电模式被 TWI 中断唤醒。此时 TWDR 的内容没有定义。总线仲裁失败时，主机将切换为从机，但总线上出现的数据不会丢失。ACK 的处理由 TWI 逻辑自动管理，CPU 不能直接访问 ACK。

（5）TWI（从机）地址寄存器－TWAR。

定义如下：

Bit	7	6	5	4	3	2	1	0	
	TWA6	TWA5	TWA4	TWA3	TWA2	TWA1	TWA0	TWGCE	TWAR
读/写	R	R	R	R	R	R	R	R	
初始值	1	1	1	1	1	1	1	1	

- Bits 7～1 – TWA：TWI 从机地址寄存器。

其值为从机地址。工作于从机模式时，TWI 将根据这个地址进行响应。主机模式不需要此地址。在多主机系统中，TWAR 需要进行设置以便其他主机访问自己。TWAR 的 LSB 用于识别广播地址（0x00）。器件内有一个地址比较器，一旦接收到的地址和本机地址一致，芯片就请求中断。

- Bit 0–TWGCE：使能 TWI 广播识别。

置位后 MCU 可以识别 TWI 总线广播。

5. TWI 寄存器的使用

AVR 的 TWI 接口是面向字节和基于中断的。所有的总线事件，如接收到一个字节或发送了一个 START 信号等，都会产生一个 TWI 中断。由于 TWI 接口是基于中断的，因此 TWI 接口在字节发送和接收过程中，不需要应用程序的干预。TWCR 寄存器的 TWI 中断允许 TWIE 位和 SREG 寄存器的全局中断允许位一起决定了应用程序是否响应 TWINT 标志位产生的中断请求。如果 TWIE 被清零，应用程序只能采用轮询 TWINT 标志位的方法来检测 TWI 总线状态。

当 TWINT 标志位置 1 时，表示 TWI 接口完成了当前的操作，等待应用程序的响应。在这种情况下，TWI 状态寄存器 TWSR 包含了表明当前 TWI 总线状态的值。应用程序可以读取 TWCR 的状态码，判别此时的状态是否正确，并通过设置 TWCR 与 TWDR 寄存器，决定在下一个 TWI 总线周期 TWI 接口应该如何工作。

TWI 数据传输过程中的规则总结如下：

- 当 TWI 完成一次操作并等待反馈时，TWINT 标志置位。直到 TWINT 清零，时钟线 SCL 才会拉低。
- TWINT 标志置位时，用户必须用与下一个 TWI 总线周期相关的值更新 TWI 寄存器。例如，TWDR 寄存器必须载入下一个总线周期中要发送的值。
- 当所有的 TWI 寄存器得到更新，而且其他挂起的应用程序也已经结束，TWCR 被写入数据。写 TWCR 时，TWINT 位应置位。对 TWINT 写 1 清除此标志，TWI 将开始执行由 TWCR 设定的操作。

表 2-5-11 给出了 C 语言例程（假设代码均已给出定义）。

表 2-5-11　C 语言例程

序号	C 例程	说明
1	TWCR = (1<<TWINT)|(1<<TWSTA)|(1<<TWEN);	发出 START 信号
2	while (!(TWCR & (1<<TWINT)));	等待 TWINT 置位，TWINT 置位表示 START 信号已发出
3	if ((TWSR & 0xF8) != START)ERROR();	检验 TWI 状态寄存器，屏蔽预分频位，如果状态字不是 START，转出错处理
4	TWDR = SLA_W; TWCR = (1<<TWINT) | (1<<TWEN);	装入 SLA_W 到 TWDR 寄存器,TWINT 位清零,启动发送地址
5	while (!(TWCR & (1<<TWINT)));	等待 TWINT 置位，TWINT 置位表示总线命令 SLA+W 已发出，及收到应答信号 ACK/NACK
6	if ((TWSR & 0xF8) != MT_SLA_ACK)ERROR();	检验 TWI 状态寄存器，屏蔽预分频位，如果状态字不是 MT_SLA_ACK，转出错处理
	TWDR = DATA; TWCR = (1<<TWINT) | (1<<TWEN);	装入数据到 TWDR 寄存器，TWINT 清零，启动发送数据

续表

序号	C 例程	说明
7	while (!(TWCR & (1<<TWINT)));	等待 TWINT 置位，TWINT 置位表示总线数据 DATA 已发送，及收到应答信号 ACK/NACK
8	if ((TWSR & 0xF8) != MT_DATA_ACK)ERROR();	检验 TWI 状态寄存器，屏蔽预分频器，如果状态字不是 MT_DATA_ACK，转出错处理
	TWCR = (1<<TWINT)|(1<<TWEN)|(1<<TWSTO);	发送 STOP 信号

5.3 任务分析与实施

5.3.1 单片机发收器

1. 任务构思

根据任务要求，在使用 USART 时，首先要根据实际使用的要求和规定对它进行正确的初始化设置。数据的发送和接收的实现，可以采用查询或者终端的方式进行。

2. 任务设计

本设计的发送采用查询方式，接收采用中断方式。数据发送时，可以编写一个发送查询函数。任务设计流程图如图 2-5-2 所示。

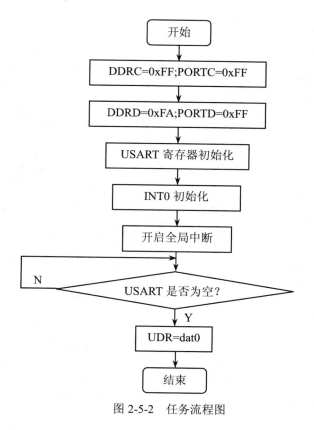

图 2-5-2　任务流程图

编写程序如下：

```
/***************************************************
  File name:       单片机发收器.c
  Chip type:       ATmega16
  Clock frequency: 8.0MHz
***************************************************/
#include <iom16v.h>
#include <macros.h>
#define uchar unsigned char
#define uint unsigned int
uchar count;
uchar cnt,cnt1;
uchar counth,countl;
uchar tab[]={0xC0,0xF9,0xA4,0xB0,0x99,0x92,0x82,0xF8,0x80,0x90,0x88,0x83,0xC6,0xA1,0x86,0x8E};

  void delay(unsigned int ms)
{
        unsigned int i,j;
        for(i=0;i<ms;i++)
        {
        for(j=0;j<1140;j++);
        }
}
void display(void)
  {
    counth=count/10;
    countl=count%10;
    PORTC=tab[counth];
    PORTD|=0x10;
    delay(10);
    PORTD&=0xef;
    PORTC=tab[countl];
    PORTD|=0x20;
    delay(10);
    PORTD&=0xdf;
  }
#pragma interrupt_handler EXT_INT0:2
void EXT_INT0(void)
  {
    if (cnt==30)
      {
        cnt=0;
      }
    else
      {
        cnt++;
      }
  }
#pragma interrupt_handler USART_RXC:12
void USART_RXC(void)
  {
    uchar status,data;
    status=UCSRA;
    data=UDR;
    if((status&((1<<FE)|(1<<PE)|(1<<DOR)))==0)
```

```
    {
        count=data;
    }
    display();
}
void USART_Transmit(char dat)
{
    while( !(UCSRA & (1 << UDRE)) );
    UDR = dat;
}
void main(void)
{
    DDRC=0xFF;
    PORTC=0xFF;
    DDRD=0xFA;
    PORTD=0xFF;
    UCSRA=0x00;
    UCSRB=0x98;
    UCSRC=0x86;
    UBRRH=0;
    UBRRL=25;
    MCUCR=0x02;
    GICR=0x40;
    SEI();
    while(1)
    {
        USART_Transmit(cnt1);
        cnt1=cnt;
    }
}
```

3. 任务实现

（1）原理图绘制。

根据样图将所需元器件放置在图纸上，通过移动、旋转、布线等操作完成整个原理图，如图 2-5-3 所示。

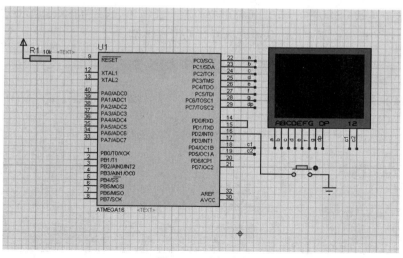

图 2-5-3　原理图

（2）生成网络表并进行电气检测。

选择 Tools→Netlist Compiler 命令，弹出如图 2-5-4 所示的对话框，在其中可以设置网络表的输出形式、模式等，此处不进行修改，单击 OK 按钮以默认方式输出如图 2-5-5 所示的内容。

图 2-5-4　网络表设置

图 2-5-5　输出网络表

电路图画完并生成网络表后，可以进行电气检测，选择 Tools→Electrical Rule Check 命令，弹出如图 2-5-6 所示的电气检测窗口，从中可以看到无电气错误。

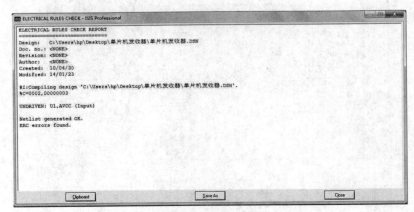

图 2-5-6　电气检测

4. 任务运行

（1）载入。

打开 ATmega16 单片机的属性设置对话框，找到 Program File 选项，如图 2-5-7 所示。载入 ICCAVR 或 CodeVisionAVR 生成的 CHENGXU9.cof 文件或 CHENGXU9.hex 文件，如图 2-5-8 所示。

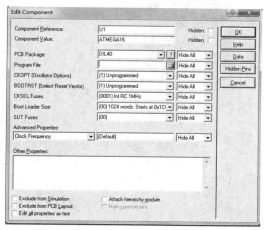 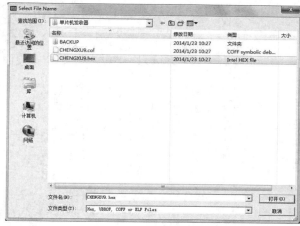

图 2-5-7　单片机属性设置　　　　　　　　　图 2-5-8　载入文件

（2）仿真。

单击 Proteus 的运行按钮，观察仿真现象，如图 2-5-9 至图 2-5-11 所示。

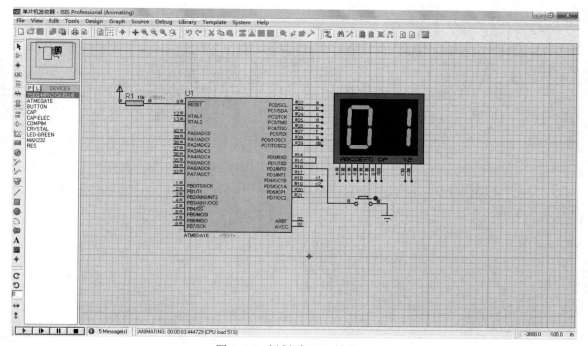

图 2-5-9　运行后 LED 显示 01

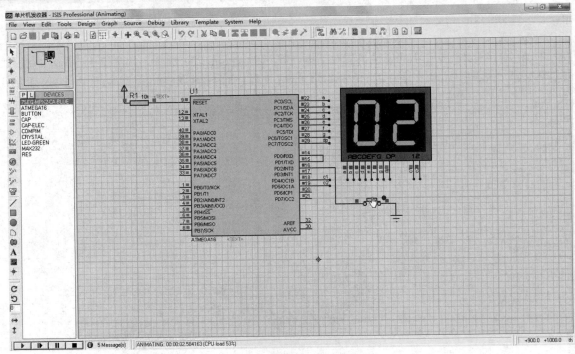

图 2-5-10　按下按键后 LED 数值增加 1

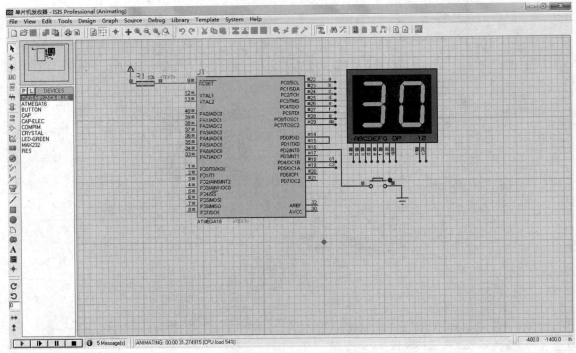

图 2-5-11　数值最大为 30，若再次按下按键，数值为 00

5.3.2　字符串收发器

1. 任务构思

根据任务要求，单片机接收到的字符串放在指针所指的起始地址，其长度不变。当接收完所有字符后单片机启动字符串发送程序，将接收到的字符串发送给虚拟机。

2. 任务设计

初始化串行口，设置控制状态寄存器，计算波特率，设置中断，接收数据后启动发送程序。任务设计流程图如图 2-5-12 所示。

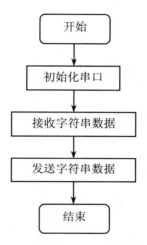

图 2-5-12　任务程序流程图

编写程序如下：

```
/*********************************************
   File name:        字符串收发器.c
   Chip type:        ATmega16
   Clock frequency:  8.0MHz
**********************************************/
#include <iom16v.h>
#include <macros.h>
void UART_init(unsigned int baud);
void UART_TXD_Byte(unsigned char data);
void UART_TXD_String(unsigned char *p,unsigned char size);
unsigned char UART_RXD_Byte(void);
unsigned char *UART_RXD_String(unsigned char *p,unsigned char size);
void main(void)
{
    unsigned char temp;
    unsigned char arry[]={"abcrefghijklmn"};
    unsigned char *p;
    DDRA|=1<<PA0|1<<PA1;
    PORTA=0xff;
    UART_init(25);
```

```
    p=UART_RXD_String(p,5);
    UART_TXD_String(p,5);
    while(1);
}
void UART_init(unsigned int baud)
{
    UCSRB=1<<RXEN|1<<TXEN;
    UCSRB=1<<URSEL|1<<UCSZ0|1<<UCSZ1;
    UBRR=baud;
}

void UART_TXD_Byte(unsigned char data)
{
    while(!(UCSRA&(1<<UDRE)));
    UDR=data;
    while(!(UCSRA&(1<<TXC)));
}
void UART_TXD_String(unsigned char *p,unsigned char size)
{
    unsigned char i;
    for(i=0;i<size;i++)
    UART_TXD_Byte(*(p+i));
}
unsigned char UART_RXD_Byte(void)
{
    while(!(UCSRA&(1<<RXC)));
    return UDR;
}
unsigned char *UART_RXD_String(unsigned char *p,unsigned char size)
{
    unsigned char *p2;
    unsigned char i=0;
    p2=p;
    do
    {
        while(!(UCSRA&(1<<RXC)));
*p=UDR;
i++;
p++;
    }
    while(i<size);
    return p2;
}
```

3. 任务实现

（1）原理图绘制。

根据样图将所需元器件放置在图纸上，通过移动、旋转、布线等操作完成整个原理图，如图 2-5-13 所示。

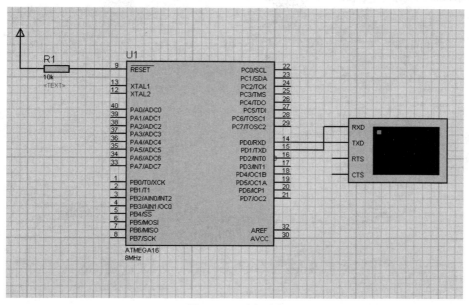

图 2-5-13 原理图

（2）生成网络表并进行电气检测。

选择 Tools→Netlist Compiler 命令，弹出如图 2-5-14 所示的对话框，在其中可以设置网络表的输出形式、模式等，此处不进行修改，单击 OK 按钮以默认方式输出如图 2-5-15 所示的内容。

图 2-5-14 网络表设置

电路图画完并生成网络表后，可以进行电气检测，选择 Tools→Electrical Rule Check 命令，弹出如图 2-5-16 所示的电气检测窗口，从中可以看到无电气错误。

4. 任务运行

（1）载入。

打开 ATmega16 单片机的属性设置对话框，找到 Program File 选项，如图 2-5-17 所示。载入 ICCAVR 或 CodeVisionAVR 生成的 CHENGXU10.cof 文件或 CHENGXU10.hex 文件，如图 2-5-18 所示。

图 2-5-15　输出网络表

图 2-5-16　电气检测

图 2-5-17　单片机属性设置

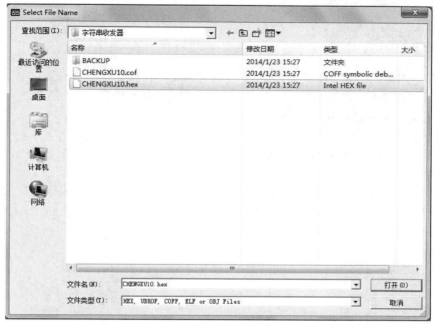

图 2-5-18 载入文件

（2）仿真。

单击 Proteus 的运行按钮，观察仿真现象，如图 2-5-19 所示。

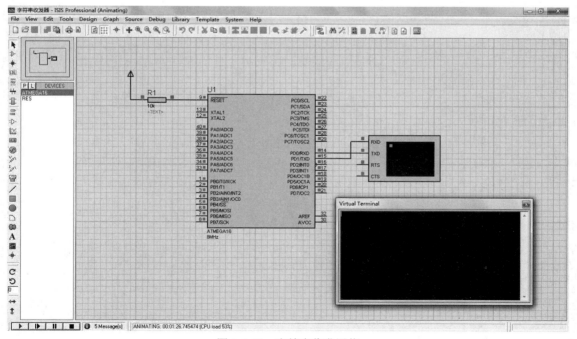

图 2-5-19 字符串收发通信

5.4 任务总结

通过对单片机发收器和字符串收发器这两个任务的学习我们要明确以下四点：

- 串行通信具有连线简单、使用方便的优点，常用于单片机系统中的通信。
- 串行通信分为同步串行通信和异步串行通信。
- ATmega16 单片机提供一个全双工的可编程的异步串行通信口。
- 单片机与 PC 机进行串行通信时需要进行 RS-232 电平转换。

参考文献

[1] ATmega16 官方使用手册.

[2] 刘建清，轻松玩转 AVR 单片机 C 语言. 北京：北京航空航天大学出版社，2011.

[3] 陈忠平，基于 Proteus 的 AVR 单片机 C 语言程序设计与仿真. 北京：电子工业出版社，2011.

[4] 周兴华，手把手教你学 AVR 单片机 C 程序设计. 北京：北京航空航天大学出版社，2009.